125 款經典烘焙食譜 STEP-BY-STEP
圖解麵包

Boulder Media 大石文化

125 款經典烘焙食譜 STEP-BY-STEP
圖解麵包

卡洛琳‧布萊瑟頓——著　　鍾慧元——譯

Boulder Media　大石文化

圖解麵包：
125 款經典烘焙食譜 STEP-BY-STEP

作　　者：卡洛琳・布萊瑟頓
翻　　譯：鍾慧元
主　　編：黃正綱
資深編輯：魏靖儀
責任編輯：許舒涵
文字編輯：蔡中凡、王湘俐
美術編輯：吳立新
行政編輯：秦郁涵

發 行 人：熊曉鴿
總 編 輯：李永適
印務經理：蔡佩欣
美術主任：吳思融
發行副理：吳坤霖
圖書企畫：張育騰

出 版 者：大石國際文化有限公司
地　　址：台北市內湖區堤頂大道二段 181 號 3 樓
電　　話：(02) 8797-1758
傳　　真：(02) 8797-1756
印　　刷：沈氏藝術印刷股份有限公司

2017 年（民 106）7 月初版
定價：新臺幣 600 元
本書正體中文版由
2012 Dorling Kindersley Limited
授權大石國際文化有限公司出版
版權所有，翻印必究
ISBN：978-986-95085-0-6（精裝）
＊ 本書如有破損、缺頁、裝訂錯誤，
請寄回本公司更換

總代理：大和書報圖書股份有限公司
地　　址：新北市新莊區五工五路 2 號
電　　話：(02) 8990-2588
傳　　真：(02) 2299-7900

國家圖書館出版品預行編目（CIP）資料

圖解麵包：125 款經典烘焙食譜 STEP-BY-STEP
卡洛琳・布萊瑟頓 著；鍾慧元 翻譯 .-- 初版 .--
臺北市：大石國際文化，
民 106.7　　192 頁；19.3× 23.5 公分
譯自：step-by-step Bread
ISBN 978-986-95085-0-6（精裝）

1. 點心食譜 2. 麵包

427.16　　　　　　106010563

A WORLD OF IDEAS:
SEE ALL THERE IS TO KNOW
www.dk.com

目錄

酪乳比斯吉
第130頁
10分 15分

牛奶麵包
第164頁
30分 20分

美式藍莓鬆餅
第132頁
10分 15-20分

香蕉優格蜂蜜鬆餅塔
第136頁
15分 15-20分

可頌
第176頁
1小時 15-20分

法式杏仁可頌
第179頁
1小時 15-20分

丹麥麵包
第180頁
30分 15-20分

杏仁新月麵包
第182頁
30分 15-20分

杏桃丹麥麵包
第183頁
30分 15-20分

貝果
第50頁
40分 20-35分

巧克力可頌
第178頁
1小時 15-20分

雜糧早餐麵包
第36頁
45-50分 40-45分

選擇適合的食譜

威爾斯水果麵包
第170頁

英式馬芬（滿福堡）
第30頁

肉桂捲
第172頁

燕麥餅乾
第114頁

英式圓煎餅
第138頁

復活節十字麵包
第175頁

布里歐榭小麵包
第158頁

赤爾西捲
第174頁

選擇適合的食譜

自成一餐

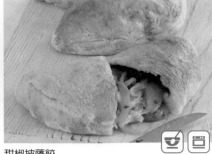

四季披薩
第82頁
40分 40分

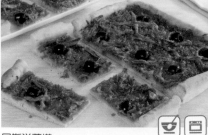

甜椒披薩餃
第86頁
25分 15-20分

尼斯洋蔥塔
第88頁
20分 1時25分

選擇適合的食譜

帕拉塔餡餅
第100頁
20分 15-20分

墨西哥煎餡餅
第104頁
5-10分 30-35分

香料羊肉派
第94頁
40-45分 10-15分

史坦福燕麥餅
第144頁
10分 15分

蕎麥薄餅
第142頁
25分 25-30分

德式洋蔥派
第90頁
30分 60-65分

踤鞋麵包薄烤
第42頁

15分　10分

義式麵包棒
第106頁

40-45分 15-18分

帕馬森乳酪迷迭香薄片
第112頁

10分　15分

口袋餅脆片
第95頁

10分　7-8分

俄式小鬆餅——貝里尼
第146頁

20分　15分

羊蝦與酪梨莎莎醬小塔
第105頁

15分　10-15分

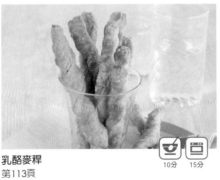

乳酪麥稈
第113頁

10分　15分

蝴蝶餅
第54頁

50分　20分

斯蒂爾頓乳酪核桃餅乾
第110頁

10分　20分

帕瑪火腿法式小點
第109頁

45分　15-18分

日常麵包

全麥農舍麵包
第16頁
30-40分 40-45分

白麵包
第20頁
20分 40-45分

義大利拖鞋麵包（巧巴達）
第40頁
30分 30分

牛奶麵包
第164頁
30分 20分

西西里麵包
第76頁
20分 20-30分

速發南瓜麵包
第122頁
20分 50分

黑麥歐式麵包
第72頁
25分 40-50分

德式黑麥麵包
第75頁
20分 30-40分

酸麵團麵包
第63頁
45-50分 40-45分

迷迭香核桃麵包
第21頁
20分 30-40分

全麥法國長棍
第71頁
20分 20-25分

迷迭香佛卡夏
第46頁
30-35分 15-20分

哈拉麵包
第163頁
45-55分 35-40分

玉米麵包
第126頁
15-20分 20-25分

黑糖蜜玉米麵包
第38頁
25分 45-50分

蘇打麵包
第118頁
10-15分 35-40分

辮子麵包
第160頁
20分 25-35分

經典麵包
classic breads

全麥農舍麵包（Wholemeal Cottage Loaf）

石磨全麥麵粉可能有多種不同程度的吸水性，水與麵粉的分量可能需要自行斟酌。

可做2個　35-40分鐘　40-45分鐘　可保存8週

發酵時間
1小45分-2小時15分

材料
60公克 無鹽奶油，另備少許塗刷表面用
3大匙 蜂蜜
3小匙 乾酵母
1大匙 鹽
625公克 石磨高筋全麥麵粉
125公克 高筋白麵粉，另備少許作為手粉

1. 融化奶油。在大碗中把1大匙蜂蜜與4大匙溫水混合。

1. 把酵母撒在蜂蜜水中。靜置5分鐘等酵母溶化，攪拌一次。

3. 把奶油、酵母、鹽、剩下的蜂蜜和400毫升溫水混合。

4. 加入一半分量的全麥麵粉和白麵粉，用手拌勻。

5. 每次125公克，分批把剩下的全麥麵粉加入麵團，每次都要攪拌均勻。

6. 麵團應該會柔軟而稍微黏手，而且不再會黏在碗邊。

7. 把麵團倒在預先撒了麵粉的工作檯面上，撒一些白麵粉上去。

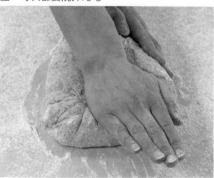

8. 揉10分鐘，直到麵團非常平滑、有彈性為止。把麵團塑成球狀。

9. 在大碗內抹奶油。放入麵團並翻動，讓麵團表面沾上少許奶油。

10. 蓋上一條溼茶巾，放在溫暖的地方發酵1-1.5小時，直到體積膨脹成兩倍為止。

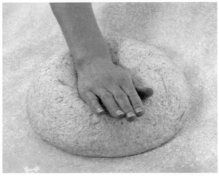

11. 在烤盤上抹奶油。把麵團放在預先撒了麵粉的工作檯面上，擠出裡面的空氣。

12. 蓋好、靜置麵團5分鐘。切成三等份，把其中一塊再切成兩半。

13. 用茶巾蓋住一大一小兩塊麵團，其餘拿出來塑形。

14. 將一份大麵團整成鬆散的球狀，把邊邊往底部中心摺，一邊轉動一邊捏成結實的圓球。

15. 翻轉麵團，讓接縫處朝下，放在抹好奶油的烤盤上。

16. 以同樣方式把另一個小塊麵團整成球狀，接縫處朝下放在第一個球上。

17. 用食指從麵團頂部中央往下戳到底。

18. 重複相同步驟，用步驟13中茶巾蓋住的剩下兩塊麵團做出另一份。

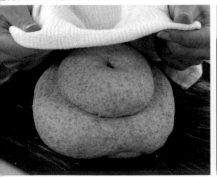

19. 兩份麵團都用茶巾蓋好。放在溫暖的地方發酵45分鐘，或直到體積膨脹成兩倍為止。

20. 烤箱預熱到190°C。烤40-45分鐘，把表面烤出均勻的褐色。

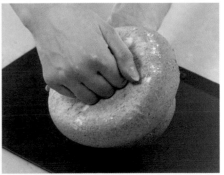

21. 輕敲底部，麵包應該會發出空洞的聲音。放在網架上冷卻。

全麥農舍麵包

17

經典麵包的幾種變化

白麵包

熟習經典白麵包的作法，應該是所有業餘烘焙師的必經之路。沒有什麼比新鮮、皮脆、還帶有烤箱餘溫的白麵包更美味的了。

可做1個　　20分鐘　　40-45分鐘　　可保存4週

發酵時間
2-3小時

材料
500公克 特高筋白麵粉，另備少許作為手粉
1小匙 細鹽
2小匙 乾酵母
1大匙 葵花油，另備少許塗刷表面

作法

1. 把麵粉和鹽放入大碗。另用小碗以300毫升溫水溶解乾酵母，待酵母完全溶解後再把油加進去。麵粉中間挖個洞，倒入酵母溶液，攪拌成粗糙的團塊。用手把團塊壓揉成麵團。

2. 將麵團倒在預先撒了少許麵粉的工作檯面上，揉10分鐘，揉成平滑、光亮且有彈性的麵團。將麵團放在抹了少許油的大碗裡，用保鮮膜鬆鬆蓋住，放在溫暖的地方發酵，最多2小時，直到麵團膨脹成兩倍為止。

3. 麵團發好就移到預先撒了麵粉的工作檯面上、擠出裡面的空氣，把麵團壓回原來的大小。揉麵團，並整成想要的造型；我喜歡的是一般稱為「布魯姆」（bloomer）的長橢圓形。把麵團放在烤盤上，用保鮮膜和一條茶巾蓋住，放在溫暖的地方發酵，直到麵團發好、體積膨脹成兩倍為止。可能需要30分鐘到1小時。等到麵團看起來緊繃、且均勻膨脹時，用手指戳戳看，如果戳出的凹陷迅速彈回，就可以送進烤箱了。

4. 烤箱預熱至220°C，在烤箱中層和下層各放一個烤架。燒一壺開水。在麵團上用刀斜劃2-3刀，這樣麵團在烤箱裡就會繼續膨脹。在麵團上撒少許麵粉，放在中層烤架上。下層烤架上放一個深烤盤，迅速倒入燒開的沸水、關上烤箱門。這樣能在烤箱內製造蒸氣，有助麵團繼續膨脹。

5. 烤10分鐘之後把溫度降到190°C，烤30-35分鐘，直到麵包表面烤出金褐色、輕敲底部會發出空洞的聲音，就是烤好了。如果麵包上色的速度太快，就把溫度調降到180°C。把麵包取出，放在網架上冷卻。

保存

最好是出爐當天吃。如要放過夜，可用紙包起來，保存在密封容器中。

烘焙師小祕訣

剛出爐的麵包總是讓人很想咬一口，但盡量先讓麵包冷卻約30分鐘後再切。這樣能大幅提升成品的口感和質地。

迷迭香核桃麵包

這是風味絕佳的組合，堅果的口感非常美妙。

| 可做2份 | 20分鐘 | 30-40分鐘 | 最多12週 |

發酵時間
2小時

材料
3小匙 乾酵母
1小匙 粗砂糖
3大匙 橄欖油，另外準備2小匙塗刷表面和上色
450公克 高筋白麵粉，另備少許作為手粉
1小匙 鹽
175公克 核桃，大致切碎
3大匙剁碎的迷迭香葉片

作法

1. 在小碗中混合酵母和糖，加入100毫升的溫水，靜置約10-15分鐘，或直到溶液變濃稠為止。取一個大碗，在碗內抹少許油。

2. 把麵粉放入另一個碗，加入一小撮鹽和橄欖油，再加入酵母混合液和200毫升溫水，攪拌所有材料直到成團，移到預先撒了麵粉的工作檯面，大約揉15分鐘，把核桃、迷迭香揉入麵團中，再把麵團放入抹了油的大碗內，用茶巾蓋住，放在溫暖的地方發酵90分鐘，直到體積變成兩倍為止。

3. 擠出麵團中的空氣，繼續揉幾分鐘，然後切成兩半，並整成兩個直徑15公分的圓形麵團。用茶巾蓋起來，發酵約30分鐘。烤箱預熱至230˚C，並在大型烤盤內抹油。

4. 當麵團發成兩倍大時，塗上薄薄一層油、放入烤盤中。送入烤箱中層烤30-40分鐘，烤到麵包底部敲起來會發出空洞的聲音為止。移至網架上冷卻。

保存
用紙包起來可保存一天。

經典麵包的幾種變化

21

馬鈴薯麵包（Pane di Patate）

這種用馬鈴薯泥做成的麵包外皮柔軟、中間溼潤。這道食譜的作法要在麵團外層塗上奶油，並放入圈狀模型烘烤。

可做1個　50-55分鐘　40-45分鐘　可保存8週

發酵時間
1小時30分-2小時15分

特殊器具
1.75公升的圈狀模型，或25公分的圓形蛋糕模，加上一個250毫升的陶瓷小烤盅

材料
250公克 馬鈴薯，去皮並切成2-3塊
2.5小匙 乾酵母
125公克 無鹽奶油，另備少許塗刷表面用
1大把 細香蔥，剪成小段
2大匙 糖
2小匙 鹽
425公克 高筋白麵粉，另備少許作為手粉

作法

1. 把馬鈴薯放入鍋中、加入足量冷水。水煮滾後調成小火，慢慢煮到馬鈴薯變軟。瀝乾，但要保留250毫升煮馬鈴薯的水。把馬鈴薯壓成泥後冷卻。

2. 在小碗中放4大匙溫水，撒入乾酵母。靜置約5分鐘，待酵母溶解。攪拌一次。把一半的奶油放在鍋中融化。將留下來的煮馬鈴薯水、馬鈴薯泥、溶解的酵母和融化的奶油一起放進大碗中，加入細香蔥、糖和鹽，徹底攪拌均勻。

3. 加入一半的麵粉並攪拌均勻，剩下的麵粉以每次60公克的量慢慢加入，每次加入都要攪拌均勻，直到麵團不再黏碗壁為止。麵團應該柔軟而略有黏性。在預先撒了麵粉的工作檯面上揉5-7分鐘，直到麵團光滑有彈性為止。

4. 在乾淨的大碗中抹奶油，放入麵團滾一滾，讓麵團表面沾上少許奶油。用溼茶巾蓋住，放在溫暖的地方讓麵團發酵約1-1.5小時，直到體積膨脹成兩倍為止。

5. 在圈狀烤模或蛋糕模內抹油。如果使用圓形蛋糕模，則取一個小烤盅、外側抹油，然後倒扣在蛋糕模中央。融化剩下的奶油，把麵團倒在預先撒過粉的工作檯面上，擠出空氣。把麵團蓋起來靜置5分鐘。把麵粉撒在手上，捏下核桃大小的麵團，一共捏出30塊。把每塊都搓成小圓球。

6. 放幾顆小球在裝有融化奶油的碟子裡，用湯匙滾動，直到麵團沾滿奶油。把小球放進步驟5準備好的模型裡，繼續重複這個步驟，直到用完所有小麵團。用乾茶巾蓋住模型，放在溫暖的地方讓麵團發酵約40分鐘，直到麵團膨脹填滿模型為止。

7. 烤箱預熱至190°C，大約烤40-45分鐘，直到麵包烤出金褐色，且稍微縮小、脫離模型為止。移至網架上冷卻，然後小心脫模，趁熱用手分開麵包。

保存
這種麵包剛出爐時最美味，但用紙緊緊包好可以保存2-3天。

事先準備
這種麵團揉好後可以先放進冰箱發酵到第二天。要用時再拿出來塑形，放在室內讓麵團回復成室溫，再按指示烘烤即可。

烘焙師小祕訣
這既是經典義大利食譜、也是美式食譜，在美國，這種麵包就叫「猴子麵包」。刻意設計成適合放在餐桌中央，讓用餐的人自己動手撕下麵包來吃——非常適合大型家族聚會。

餐包（Dinner Rolls）

喜歡什麼形狀，就做什麼形狀。不過，若在麵包籃裡擺著形狀各不相同的餐包，也挺好的。

可做16個　45-55分鐘　15-18分鐘　未烘烤可放8週

發酵時間
1.5-2小時

材料
150毫升 牛奶
60公克 無鹽奶油，切成小塊，另備少許塗抹烤盤
2大匙 糖
3小匙 乾酵母
2 顆蛋，另外準備1顆蛋黃，上色用
2小匙 鹽

550公克 高筋白麵粉，另備少許作為手粉
罌粟籽，撒在表面用（可省略）

1. 把牛奶煮沸。取4大匙牛奶放入小碗，冷卻至微溫。

2. 把奶油和糖加入鍋中的牛奶，煮到融化。然後冷卻至微溫。

3. 把酵母粉撒入小碗中的牛奶，靜置5分鐘直到酵母溶化。攪拌一次。

4. 在大碗中把蛋稍微打散，倒入步驟2已加糖的牛奶，再加入鹽和溶化的酵母。

5. 慢慢拌入麵粉，直到麵團成球形。麵團應該柔軟而略有黏性。

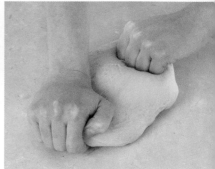

6. 在預先撒了麵粉的工作檯面上揉麵團，約5-7分鐘，直到麵團非常細緻有彈性為止。

7. 麵團放入抹了油的碗中，蓋上保鮮膜放在溫暖的地方發酵1-1.5小時，直到體積膨脹兩倍為止。

8. 在兩個烤盤上抹油。把麵團放在預先撒了麵粉的工作檯面上，擠出空氣。

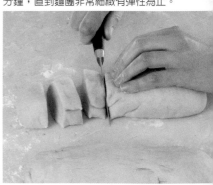

9. 把麵團切成兩半，再把兩塊麵團都搓成長條，再把每個長條均分成8小塊。

經典麵包

10. 把麵團整成圓球的方法是：以繞圈圈的方式滾動麵團，就能搓出光滑的球狀。

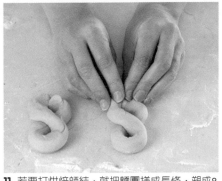

11. 若要打烘焙師結，就把麵團搓成長條，塑成8字形，末端在下方的圈的底部壓緊。

12. 如果要做蝸牛造型，把麵團搓成細長條，盤捲起來，末端緊緊黏住麵團下方。

13. 放在烤盤上，用茶巾蓋住，放在溫暖的地方發酵30分鐘。

14. 烤箱預熱至220°C，把蛋黃與1大匙水在一起打散。

15. 把蛋液刷在麵團上，並均勻撒上罌粟籽（可省略）。

16. 大約烤15-18分鐘，直到麵團烤出金褐色為止。趁熱上桌。 **事先準備** 可將麵團處理到塑形步驟、冷凍起來。要烤之前拿出來回復到室溫，抹上蛋液即可送進烤箱烤。

小麵包的幾種變化

香料蔓越莓山胡桃小麵包

這款香氣撲鼻的甜麵包,是基本白麵包配方的變化版。可加入不同的水果乾、堅果、雜糧和香料組合,做出自己喜歡的香料小麵包口味。

可做8個　20分鐘　20-25分鐘　可保存4週

發酵時間
2-3小時

材料
500公克 特高筋白麵粉,另備少許作為手粉
1小匙 細鹽
1小匙 混合香料
2大匙 砂糖
2小匙 乾酵母
150 毫升 全脂牛奶
50公克 蔓越莓乾,大致切碎
50公克 山胡桃,大致切碎
1大匙 葵花油,另備少許塗刷表面用
1顆蛋 打散,上色用

作法
1. 把麵粉、鹽、綜合香料和糖放進大碗中,另外以150毫升溫水溶解酵母。酵母溶解後即可加入牛奶和油,並倒入麵粉中,攪拌到形成粗糙的團塊,再用手揉成麵團。

2. 把麵團倒在預先撒了少許麵粉的工作檯面上,揉10分鐘,直到揉成細緻、光亮又有彈性的麵團為止。

3. 把麵團拉薄、延展開來,撒上蔓越莓乾和山胡桃,再揉1-2分鐘,直到這些材料與麵團徹底結合。把麵團放進抹了油的大碗中,用保鮮膜蓋好,放在溫暖的地方發酵2個小時,直到體積膨脹成兩倍為止。

4. 把麵團倒在預先撒了麵粉的工作檯面上,輕輕擠出空氣。稍微揉一下之後,均分成8小塊,每一塊都整成鼓鼓的圓形。如果有水果乾或堅果凸出來,盡量塞回麵團內,否則這些食材可能會烤焦。

5. 把麵團放進大型烤盤,用保鮮膜和茶巾鬆鬆蓋住,放在溫暖的地方發酵1小時,直到體積膨脹成接近兩倍為止。烤箱預熱至200°C。在麵團表面用刀輕輕劃個十字,這樣才能讓麵包在烤箱內繼續膨脹。把蛋液輕輕刷在麵包表面,放入烤箱中層烘烤。

6. 烤20-25分鐘,直到麵包烤出金褐色、輕敲底部時發出空洞的聲音為止。取出麵包,放在網架上冷卻。

保存
最好出爐當天食用,若用紙包起來放在密封容器內,則可保存到第二天。

烘焙師小祕訣
這是原味小麵包的美味變化版本,非常適合早餐享用。可製作兩倍分量的白麵包麵團(見第20頁),用其中一半來製作這種小麵包。這種小麵包在耶誕節早晨特別受歡迎,因為有蔓越莓的顏色帶來的節慶氣氛,還有香料散發的溫暖香氣。

芝麻小麵包

這種柔軟的小麵包作法非常簡單,帶去野餐或打包成午餐都很適合,夏天辦烤肉派對時也可以當成自製烤肉堡的漢堡麵包。

可做8個　30分鐘　20分鐘

總發酵時間
1.5小時

材料
450公克高筋白麵粉,另備少許作為手粉
1小匙 鹽
1小匙 乾酵母
1大匙 蔬菜油、葵花油或淡橄欖油,另備少許塗刷表面用
1顆蛋,打散
4大匙 芝麻

作法
1. 在大碗中混合麵粉和鹽,在中間挖個洞。以360毫升的溫水溶解酵母,然後加入油。把酵母溶液倒入麵粉中央,迅速攪拌均勻。靜置10分鐘。

2. 把麵團倒在預先撒了麵粉的工作檯面上,揉5分鐘,或揉到麵團滑順無結塊為止。把麵團邊緣往中央底下折,整成球狀,放進抹了油的大碗中,光滑面朝上,用保鮮膜蓋起來,放在溫暖的地方發酵1小時,或直到體積膨脹兩倍為止。

3. 同時,在烤盤上撒一點麵粉,把麵團鏟到預先撒了麵粉的工作檯面上,撒一些麵粉,稍微揉一下。把麵團均分成8小塊,統一滾成球形。放在剛剛撒了麵粉的烤盤上,麵團之間要取足夠間距,靜置30分鐘,或直到麵團膨脹、變柔軟為止。烤箱預熱至200°C。

4. 麵團膨脹後,刷上蛋液,撒上白芝麻,烤20分鐘,或把麵團烤出金黃色且圓鼓鼓的。移到網架上冷卻。

保存
最好是出爐當天就吃掉,但若用紙包好、放在密封容器內,則可保存到第二天。

全麥小茴香籽小麵包

小茴香籽和黑胡椒碎粒讓這款鹹香的小麵包非常適合做成煙燻火腿三明治，也能拿來夾西班牙火腿或漢堡肉。不妨嘗試用各種不同的全粒香料來做，如葛縷籽或小茴香籽。

可做6個　　20分鐘　　25-35分鐘　　可保存12週

總發酵時間
2小時

材料
2小匙 乾酵母
1小匙 金砂糖
450公克 中筋全麥麵粉，另備少許作為手粉
1.5小匙 細鹽
2小匙 小茴香籽
1小匙 黑胡椒粒，拍碎
橄欖油，塗刷表面用
1小匙 芝麻（可省略）

作法
1. 把酵母撒進小碗中，加入糖和150毫升溫水混合。靜置約15分鐘，酵母溶液會變濃稠、起泡。

2. 在大碗中混合麵粉和一小撮鹽，加入酵母溶液，再慢慢加入150毫升溫水。攪拌到結合成麵團（如果太乾可以再加一點水）。移到預先撒了少許麵粉的工作檯面上，大約揉10-15分鐘，直到麵團平滑而有彈性為止，再把小茴香籽和黑胡椒碎粒揉進去。

3. 在大碗中抹少許橄欖油，把麵團放進去、蓋上茶巾，放在溫暖的地方發酵1.5小時，直到體積膨脹成兩倍。

4. 把麵團裡的空氣擠出來，再多揉幾分鐘，然後分割成6小塊，滾成球狀。放在抹了油的烤盤上，蓋好，再發酵30分鐘。烤箱預熱至200°C。

5. 在麵團表面刷少許水，撒上芝麻（可省略），烤25-35分鐘，直到麵包呈金黃色、輕敲底部會發出空洞的聲音即可。讓麵包在烤盤中稍微放涼幾分鐘，然後移到網架上徹底冷卻。

保存
最好是做好當天就吃掉，但如果用紙包好、收在密封容器內則可以放過夜。

巴西乳酪麵包球
（Pão de Queijo）

這種少見的迷你乳酪小麵包外皮酥脆，內部有嚼勁，是很受歡迎的巴西街頭小吃。

可做16個　10分鐘　30分鐘　未烘烤可保存8週

特殊器具
裝好刀片的食物調理器

作法

1. 把牛奶、葵花油、125毫升的水和鹽放進小鍋中煮沸，把樹薯粉放進大碗中，迅速加入滾燙的液體材料並攪拌。麵團應該會結塊又黏在一起。靜置冷卻。

2. 烤箱預熱至190˚C，等樹薯麵團涼透之後，放入食物調理器，加蛋後開始攪打，直到結塊都消失為止，應該會變成濃稠、滑順的糊狀。加入乳酪，繼續攪打，讓它變成黏稠又有彈性的混合物。

3. 把麵團倒在預先撒了足量樹薯粉的工作檯面上，揉2-3分鐘，直到麵團平滑又柔軟為止。將麵團平均分成16份，全部揉成高爾夫球大小的球狀，放在鋪了烘焙紙的烤盤上，麵團之間要取足夠間距。

4. 在麵團上刷少許蛋液，放在烤箱中層烤30分鐘，直到麵團均勻膨脹且烤出金褐色為止。移出烤箱後稍微冷卻幾分鐘，即可食用。這種麵包球最好當天吃完，而且剛出爐最好吃。

材料

125毫升牛奶
3-4大匙 葵花油
1小匙 鹽
250公克 樹薯粉（也叫木薯粉），另備少許作為手粉
2顆蛋，打散，另備少許上色用
125公克 帕馬森乳酪，磨碎

事先準備

操作到步驟3時，可以直接放在烤盤上、裝進耐冷凍的大袋子裡直接冷凍。要吃時，先退冰30分鐘，即可按照指示烘焙。

烘焙師小祕訣

這種經典的巴西乳酪麵包球是用樹薯粉做的，不含小麥。樹薯粉一碰到液體材料就會結塊，這時候食物處理器就很好用。你會發現很快就能打出滑順的質地。

英式馬芬
(滿福堡，English Muffins)

這種英式下午茶麵包最早在18世紀開始流行，後來橫渡大西洋，成為美式早餐的重要班底。

可做10個　25-30分鐘　13-16分鐘

發酵時間
1.5小時

材料
1小匙 乾酵母
450公克 高筋白麵粉，另備少許作為手粉
1小匙 鹽
25公克 無鹽奶油，融化，另備少許塗刷表面用
蔬菜油 塗刷表面用
25公克 磨碎的米或粗粒小麥粉

作法

1. 準備300毫升溫水倒入小碗中，撒上乾酵母，靜置5分鐘讓酵母溶解，攪拌一次。在大碗中混合麵粉和鹽，在麵粉中間挖個洞，倒入酵母溶液和融化的奶油。慢慢把麵粉和進液體材料中，形成柔軟、有彈性的麵團。

2. 把麵團放在預先撒了少許麵粉的工作檯面上，大約揉5分鐘。把麵團整成球狀，放進抹了油的大碗裡，用抹了油的保鮮膜封好，放在溫暖的地方發酵1小時，或直到體積膨脹成兩倍為止。

3. 在托盤上鋪一條乾淨的茶巾，撒上大部分的碎米。把麵團倒在預先撒了麵粉的工作檯面上，稍微揉一下，均分成10個小球。把小球放在撒了碎米的茶巾上，用手掌壓成圓餅狀，上面再撒上剩餘的碎米。用另一條乾淨茶巾蓋住，放著讓麵團發酵20-30分鐘，直到麵團膨脹為止。

4. 燒熱有蓋的大平底鍋，分批烘烤英式馬芬。蓋上鍋蓋，用很小的火慢慢烘10-12分鐘，或直到麵團鼓起、底下呈金黃色而且烤熟為止。翻面繼續烘3-4分鐘，或直到另一面也烤出金黃色澤為止。在網架上放涼。英式馬芬很適合橫剖開來、稍微烤過再抹上奶油和果醬。也可以當班尼迪克蛋的基底麵包。

烘焙師小祕訣

自製的英式馬芬品質大大勝過任一種外面賣的產品，所以真的很值得花一些功夫親手做。早上發好麵團，就可在下午茶享受新鮮現烤的馬芬。或者也可以讓麵團發酵一夜，第二天烤一烤，就能從容地吃一頓早餐了。

葛縷籽黑麥麵包

這是一款有芬芳葛縷籽畫龍點睛的脆皮麵包。把低筋的黑麥加入白麵粉中，會讓麵包較輕盈。

可做1條　35-40分鐘　50-55分鐘　可保存8週

總發酵時間
2小時15分鐘- 2小時45分鐘

材料
2.5小匙 乾酵母，以4大匙溫水溶解
1大匙 黑糖蜜
1大匙 葛縷籽
2小匙 鹽
1大匙 蔬菜油，另備少許塗刷表面用
250毫升 窖藏啤酒（拉格啤酒）
250公克 黑麥麵粉

175公克 特高筋白麵粉，另備少許作為手粉
細黃玉米粉，沾裹表面用
1個蛋白，打至起泡，上色用

經典麵包

1. 把酵母溶液、糖蜜、2/3的葛縷籽、鹽和油放在大碗裡。

2. 加入啤酒，拌入黑麥麵粉，用手攪拌均勻。

3. 慢慢加入高筋白麵粉，直到形成柔軟、有點黏性的麵團為止。

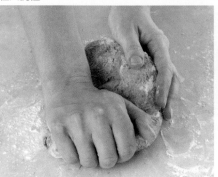

4. 揉8-10分鐘，直到麵團平滑又有彈性為止。放進抹了油的大碗裡。

5. 用溼茶巾蓋住，放在溫暖的地方發酵1.5-2個小時，直到體積變成兩倍為止。

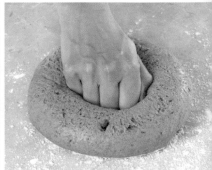

6. 在烤盤上撒玉米粉。在預先撒了麵粉的工作檯面上把麵團裡的空氣擠出。

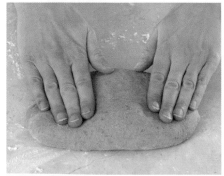

7. 蓋好，讓麵團醒5分鐘。輕輕拍打麵團塑形成長約25公分的橢圓形。

8. 在工作檯面上前後滾動麵團，在兩端施力，讓兩端變尖。

9. 把麵團移到烤盤上，蓋好，放在溫暖的地方發酵45分鐘，直到體積變成兩倍為止。

10. 烤箱預熱至190°C，刷上打散的蛋白讓表面有光澤。

11. 把剩下的葛縷籽撒在麵團上，輕輕把葛縷籽壓進麵團。

12. 用銳利的刀在麵團表面斜畫出三道刀痕，約5mm深。

13. 烤50-55分鐘，直到烤出均勻的棕色。輕敲底部時麵包應該會發出空洞的聲音。移到網架上，徹底放涼。 **保存** 這種麵包若用紙包緊，可以保存幾天。

黑麥麵包的幾種變化

杏桃南瓜籽小麵包

黑麥麵粉非常厚重，加入白麵粉後，會讓質感較輕盈。

可做8個　20分鐘　30分鐘　可保存4週

總發酵時間
最多4小時

材料
25公克 南瓜籽
2.5小匙 乾酵母
1大匙 黑糖蜜
1大匙 葵花油，另備少許塗刷表面
250公克 黑麥麵粉
250公克 特高筋白麵粉，另備少許作為手粉
1小匙 細鹽
50公克 杏桃乾，大致切碎
1顆蛋 打散，上色用

經典麵包

作法

1. 用乾鍋烘烤南瓜籽約2-3分鐘，小心不要燒焦。以300毫升溫水溶解乾酵母，加入糖蜜和油，攪拌至糖蜜均勻溶解為止。把兩種麵粉和鹽都放進大碗中。

2. 把液體材料倒入麵粉中，攪拌到形成粗糙的麵團。把麵團倒在預先撒了少許麵粉的工作檯面上，揉10分鐘，揉到麵團光滑有彈性為止。

3. 延展麵團並壓薄，撒上杏桃乾和南瓜籽，再揉1-2分鐘，讓杏桃、南瓜籽和麵團結合。放進抹了油的大碗中，用保鮮膜蓋好，放在溫暖的地方發酵2小時，直到均勻膨脹。這個麵團不會發到兩倍大，因為黑麥的筋性低、發酵得很慢。

4. 把麵團倒在預先撒了少許麵粉的工作檯面上，輕輕把空氣擠出來。稍微揉一下，之後均分成8個小麵團。分別整成圓圓的小麵包。如果有堅果或水果乾凸出來，要壓回去，不然烤的時候可能會燒焦。

5. 把小麵包放在烤盤上，以保鮮膜和茶巾蓋住，放在溫暖的地方發酵，直到明顯膨脹為止。這可能需要用到2小時。當麵團表面看起來緊繃、膨脹時，用一隻手指戳戳看，如果麵團上的凹陷很快就會彈回來，即可送入烤箱。

6. 烤箱預熱至190˚C，在麵團上刷打散的蛋液，放在烤架中層烤約30分鐘，直到烤出金褐色，且輕敲底部會發出空洞的聲音為止。移出烤箱，放在網架上冷卻。

保存

最好是製作當天就吃掉，但如果包好的話可以放到第二天。

也可以嘗試……

核桃黑麥麵包

用乾鍋烘烤75公克的核桃約3-4分鐘，在乾淨的茶巾上搓掉外皮，然後大致切碎。把核桃撒在壓薄的麵團上，取代杏桃和南瓜籽。麵團發好後，把麵團邊邊往下塞到底部中央，就可以整成結實、平均的球形，把接縫藏在底部，用這種方法整出的單一球狀麵團，就是所謂的「大圓麵包」（boule）。二次發酵之後，烤45分鐘即可。

烘焙師小祕訣

我在這道食譜中用的是杏桃乾和南瓜籽，但蔓越莓乾、葡萄乾或藍莓乾也都能用。不妨嘗試使用其他種籽，例如芝麻或罌粟子。

青醬夾心花環麵包

帶有些微黑麥風味的麵包，還夾著芳香撲鼻的自製青醬——花環麵包（garland bread）很適合自助式午宴，或者帶去野餐。因為它特別的造型，可以輕鬆撕成小份。看起來也很美觀！

可做1個　35-40分鐘　30-35分鐘

總發酵時間
1小時45分-2小時15分

特殊器具
裝好刀片的食物處理器

材料
2.5小匙 乾酵母
125公克 黑麥麵粉
300公克 特高筋白麵粉，另備少許作為手粉
2小匙 鹽
3大匙 特級初榨橄欖油，另備少許塗刷表面
1大把羅勒的葉片
3瓣大蒜 去皮
30公克 松子，大致切碎
60公克 現磨帕馬森乳酪
現磨黑胡椒

作法

1. 從300毫升溫水中取4大匙放入小碗，撒上乾酵母。靜置5分鐘，待酵母溶解，攪拌一次。把黑麥麵粉、白麵粉和鹽一起放入大碗內，中間挖一個洞。把酵母溶液和剩下的水倒入麵粉中，慢慢拌入麵粉，攪拌均勻，直到形成柔軟、黏手的麵團為止。

2. 把麵團倒在預先撒了麵粉的工作檯面上，揉5分鐘，把麵團揉得非常平滑有彈性。整成球形，放在抹了油的大碗裡。用溼茶巾蓋住，放在溫暖的地方發酵1-1.5小時，直到體積膨脹成兩倍為止。

3. 用食物調理器的瞬轉功能把羅勒葉和大蒜打成粗粒。繼續邊打邊加入3大匙油，直到質地滑順為止。把青醬倒在碗裡，拌入松子、帕馬森乳酪和足量的黑胡椒。

4. 在烤盤上刷油備用。把麵團移到預先撒了麵粉的工作檯面上，揉麵團、把麵團裡的空氣擠出來。蓋起來，靜置麵團5分鐘，

把麵團壓扁，然後用擀麵棍擀成40×30公分的長方形。把青醬均勻抹在麵皮上，距離邊緣留下1公分不塗。從長端開始往內捲，把麵皮捲成平均的長條狀。沿著捲好的麵皮按壓，讓接縫黏牢，但兩端不要封住。

5. 接縫處朝下，把長條麵團移到抹好油的烤盤上，彎成一個環，末端重疊並接好。拿一把利刀，沿著麵包環每隔5公分就切一道深的切口。將小塊麵團稍微拉開，翻轉90度讓小捲平躺，用乾茶巾蓋住，放在溫暖的地方發酵45分鐘，到體積變成兩倍為止。

6. 烤箱預熱至220°C，在麵團表面刷一些油，大約烤10分鐘。把烤溫降到190°C，繼續烤20-25分鐘，直到烤出金黃色澤，移至網架上稍微冷卻，當天吃掉。

雜糧早餐麵包

這款營養豐富的麵包融合了燕麥片、麩皮、玉米粉、全麥麵粉與高筋白麵粉，葵瓜子更帶來了爽脆口感。

可做2條　45-50分鐘　40-45分鐘　可保存8週

總發酵時間
2.5-3小時

材料
75公克 葵瓜子
425毫升 酪乳（buttermilk）
2.5小匙 乾酵母

45公克 燕麥片
45g公克 麩皮
75公克 粗磨玉米粉或細的黃玉米粉，另備少許撒在表面用
45公克 質地較軟的黑糖
1大匙 鹽
250公克 高筋全麥麵粉
250公克 高筋白麵粉，另準備少許作為手粉
無鹽奶油，塗刷表面用
1顆蛋白，打散，上色用

作法

1. 烤箱預熱至180°C。把種子撒在烤盤上，放進烤箱，烤到稍微上色。冷卻後稍微切碎。

2. 把酪乳倒入鍋中，加熱至微溫。把酵母撒在4大匙的溫水中，靜置2分鐘，輕輕攪拌，繼續靜置2-3分鐘，讓酵母完全溶解。

3. 把葵瓜子、燕麥片、麩皮、玉米粉、黑糖和鹽放進大碗內，加入酵母溶液和酪乳，攪拌均勻，再拌入全麥麵粉和一半的白麵粉，攪拌均勻。

4. 以每次60公克的分量，分批加入剩下的白麵粉，攪拌均勻才可以再加入下一批，直到麵團不再黏在碗壁上，而是聚成一團為止。麵團應該柔軟而略黏。把麵團倒在預先撒了麵粉的工作檯面上，揉8-10分鐘，揉到麵團非常光滑有彈性，再整成球狀。

5. 在大碗內塗上奶油，把麵團放進大碗，並滾動一下，讓麵團表面沾上少許奶油。用溼茶巾蓋住，放在溫暖的地方發酵1.5-2個小時，直到體積變成兩倍為止。

6. 在2個烤盤上撒玉米粉，把麵團放在預先撒了少許麵粉的工作檯面上，擠出裡面的空氣。蓋好，讓麵團醒5分鐘。用利刀將麵團切成兩半，各自塑成偏扁的橢圓形。用乾茶巾蓋住，放在溫暖的地方發酵1小時，或直到體積膨脹成兩倍為止。

7. 烤箱預熱至190°C，在麵團表面刷上蛋白，烤40-45分鐘，直到麵團底部敲起來有空洞的聲音為止。移到網架上徹底冷卻。

保存
出爐當天最好吃，但若用紙緊緊包好，則可放2-3天。

烘焙師小祕訣
酪乳是烘焙師的絕佳材料，任何需要牛奶的烘焙食譜，都可以加入酪乳。酪乳酸度溫和，會帶來淡淡的酸味，而其中的活性成分，能讓許多烘焙成品的質地更輕盈、柔軟。大部分超市都買得到。

雜糧早餐麵包

黑糖蜜玉米麵包
(Anadama Cornbread)

這種深色的甜玉米麵包源自新英格蘭地區，味道特殊、甜中帶鹹，而且很好保存。

可做1條　25分鐘　45-50分鐘　可保存8週

總發酵時間
4小時

材料
125毫升 牛奶
75公克 粗磨玉米粉或細黃玉米粉
50公克 無鹽奶油，先放軟
100公克 黑糖蜜
2小匙 乾酵母
450公克 中筋麵粉，另備少許作為手粉
1小匙 鹽
蔬菜油，塗刷表面用
1顆蛋，打散，上色用

作法

1. 在小鍋中加熱牛奶和125毫升的水。煮沸後加入玉米粉。煮1-2分鐘，或煮到變濃稠為止。關火。加入奶油並攪拌到均勻混合。再加入黑糖蜜攪拌，然後靜置冷卻。

2. 用100毫升的溫水溶解酵母，攪拌均勻。把麵粉和鹽放進另一個大碗，中間挖一個洞，慢慢把煮好的玉米粥拌進去，再加入酵母溶液，拌成柔軟黏手的麵團。

3. 把麵團移到預先撒了少許麵粉的工作檯面上，大約揉10分鐘，直到麵團柔軟有彈性為止。麵團還是會很黏，但應該不會太黏手了。如果感覺太溼，就加一些麵粉再揉一下。把麵團放在抹了少許油的大碗中，用保鮮膜鬆鬆蓋住，放在溫暖的地方發酵2小時。麵團的體積不會膨脹到兩倍，但均勻發酵後應該會柔軟而有韌性。

4. 把麵團倒在預先撒了少許麵粉的工作檯面上，輕輕把空氣擠出來。稍微揉一下，整成偏扁的橢圓形。把麵團邊邊往下摺，塞到麵團底部中間，就能做出表面均勻緊緻的外型。放在大烤盤中，用保鮮膜和乾淨的茶巾鬆鬆蓋住，放在溫暖的地方發酵2小時。當麵團看來緊繃、膨脹，手指輕輕戳出的凹陷會迅速彈回時，就可以送入烤箱烤了。

5. 烤箱預熱至180°C，在烤箱中層放一個烤架，靠底層處也放一個。燒一壺開水，刷一點蛋液在麵團上，用鋒利的刀子在麵團表面斜劃出2-3道刀口，上面撒上一點麵粉（可省略），放在中層烤架。底層也放上一個烤盤，迅速倒入滾沸的開水，關上烤箱門。

6. 烤45-50分鐘，直到麵包表層顏色均勻地變深，輕敲底部會發出空洞的聲音為止。移出烤箱，放在網架上冷卻。

保存

這種麵包用紙包好、放在密封容器內，可保存5天。

烘焙師小祕訣

在麵團上劃幾道刀痕，可以讓麵團進了烤箱後繼續膨脹，從底下的烤盤散發出的蒸氣也是，能讓麵包烤出漂亮的脆皮。黑糖蜜搭配艾曼塔乳酪或葛瑞爾乳酪都非常美味，若是簡單塗上奶油、放幾片優質火腿、塗上芥末醬，也很好吃。

義大利拖鞋麵包（巧巴達，Chiabatta）

最容易掌握訣竅的簡單麵包之一，好的義大利拖鞋麵包應該發酵均勻、外皮酥脆，還有大大的氣孔。

可作2條　30分鐘　30分鐘　可保存8週

發酵總時間

3小時

材料

2小匙 乾酵母

2大匙 橄欖油，另備少許塗刷表面

450公克 高筋白麵粉，另備少許作為手粉

1小匙 海鹽

1. 把酵母以350毫升溫水溶解，然後加入橄欖油。

2. 把麵粉和鹽放入大碗，中間挖個洞，倒進酵母溶液，攪拌至形成柔軟的麵團。

3. 在撒了麵粉的工作檯面上揉10分鐘，揉到麵團柔軟、光滑又有點滑溜溜的。

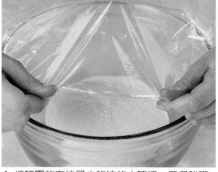

4. 把麵團放在抹了少許油的大碗裡，用保鮮膜鬆鬆蓋住。

5. 把麵團放在溫暖的地方發酵2小時，直到體積膨脹成兩倍為止。倒在撒了麵粉的工作檯面上。

6. 用拳頭輕輕擠出麵團裡的空氣，然後平均分成兩塊。

7. 稍微揉一下，整成傳統的拖鞋狀，約為30×10公分。

8. 把兩個麵團都放在鋪了烘焙紙的烤盤上，周圍要有足夠空間讓麵團膨脹。

9. 用保鮮膜和茶巾鬆鬆的蓋住，再放1小時，直到麵團體積膨脹成兩倍為止。

經典麵包

. 烤箱預熱至230°C。用水霧噴灑在麵團上。

11. 放在中層烤架烤30分鐘，每隔10分鐘就噴一次水。

12. 當表面烤出金褐色，輕敲底部會發出空洞的聲音時，就是烤好了。

. 麵包烤好後，先放在網架上放涼，至少要30分鐘後才可以切開。 **保存** 最好出爐當天就吃掉，若用紙包起來也可以放到第二天。

拖鞋麵包的幾種變化

綠橄欖迷迭香拖鞋麵包

綠橄欖和迷迭香，為樸素的拖鞋麵包注入鮮明活潑的風味。

可做2條　40分鐘　30分鐘　可保存8週

總發酵時間
3小時

材料
1份拖鞋麵包麵團，見第40頁，步驟1-3
100公克 去籽綠橄欖，濾乾，大致切碎，用廚房紙巾拍乾
2枝 茂盛的迷迭香枝條，只取葉片，大致切碎

作法

1. 把麵團揉了10分鐘之後，放在工作檯面上壓開成薄片狀，平均撒上綠橄欖和迷迭香，把邊邊拉起來蓋住餡料。再揉一下、直到材料和麵團結合。放在抹了油的大碗中，用保鮮膜蓋好，放在溫暖的地方發酵2小時，直到體積膨脹成2倍為止。

2. 把麵團倒在預先撒了麵粉的工作檯面上，擠出空氣。平均分成兩塊。分別揉過之後，整成傳統拖鞋麵包的形狀，每個約是30×10公分大小。分別把兩塊麵團各放在一個鋪了烘焙紙的烤盤中，周圍要有足夠空間讓麵團發酵時繼續膨脹。用保鮮膜和茶巾蓋住，繼續發酵1個小時，直到體積膨脹成兩倍為止。

3. 烤箱預熱至230°C，噴上水霧，放在烤箱中層烤30分鐘，烤到麵包呈金褐色、輕敲底部會發出空洞的聲音，就是烤好了。放在網架上冷卻，30分鐘之後才可以切。

保存

最好出爐當天就吃掉，若鬆鬆包好，可以放到第二天。

拖鞋麵包薄烤

不要浪費放了一天的拖鞋麵包──切成薄片，烤一烤就會是薄烤麵包片（crostini），可以多放幾天，也能做成點心、開胃麵包點心或麵包丁。

可做25-30片　15分鐘　10分鐘

材料
1條放了一天的拖鞋麵包，作法見40-41頁
橄欖油

配料
100公克 芝麻菜青醬，或
100公克 烤紅色甜椒，切絲並拌入切碎的羅勒，或
100公克 酸豆黑橄欖醬，上面搭配100公克山羊乳酪

作法

1. 烤箱預熱至220°C，把拖鞋麵包切成1公分的薄片，在表面刷上橄欖油。

2. 放在烤箱最上層烤10分鐘，烤5分鐘後要翻面。從烤箱移出來之後，先放在網架上冷卻。

3. 放涼以後，等到要上桌前再放上前面建議的任一項配料。如果選擇酸豆黑橄欖醬和山羊乳酪，要稍微烤一下再上桌。

保存

烤過但還沒放配料的薄烤麵包片可以在密封容器裡放3天。上桌前再放上配料即可。

黑橄欖與嗆甜椒拖鞋麵包

試著用黑橄欖和嗆甜椒（peppadew）做出鑲嵌著紅與黑的美味拖鞋麵包。照片見下頁。

可做2條　40分鐘　30分鐘　可保存8週

總發酵時間
3小時

材料
1份拖鞋麵包麵團，作法見40頁，步驟1-3
50公克 去籽黑橄欖，瀝乾、大致切碎，用廚房紙巾擦乾。
50公克 嗆甜椒，瀝乾、大致切碎，用廚房紙巾擦乾。

作法

1. 把麵團揉10分鐘之後，放在工作檯面上壓扁成薄片，撒上橄欖和嗆甜椒，把邊邊拉過來蓋住餡料，再稍微揉一下麵團，直到餡料和麵團結合。把麵團放在抹了油的大碗裡，用保鮮膜封好，放在溫暖的地方發酵2小時，直到體積變成兩倍為止。

2. 將麵團倒在預先撒了麵粉的工作檯面上，擠出麵團中的空氣，分成兩塊，並塑

成傳統拖鞋麵包的形狀，各為30×10公分大小。分別把兩塊麵團各放在一個鋪了烘焙紙的烤盤上，蓋上保鮮膜和茶巾，靜置1小時，直到體積變成兩倍為止。

3. 將烤箱預熱至230°C，在麵團上噴水霧，放在烤箱中層烤30分鐘，每隔10分鐘就要噴一次水霧，直到烤出金褐色。輕敲麵包底部，如果聲音空洞，就是烤好了。冷卻30分鐘之後再切。

保存

包好可以放到第二天。

烘焙師小祕訣

拖鞋麵包的麵團在揉的時候，可能又溼又鬆散，因為這樣才容易產生拖鞋麵包內典型的大氣孔。溼的麵團用有鉤腳的攪拌器比較好操作，因為這種麵團比較黏，用手其實不是很容易處理。

迷迭香佛卡夏（Rosemary Focaccia）

這種「性格溫和」的麵團可以放在冰箱裡發酵一夜，回溫之後再烘烤。

6-8人份　30-35分鐘　15-20分鐘

總發酵時間
1小時30分-2小時15分

特殊器具
38×23公分的瑞士捲蛋糕模

材料
1大匙 乾酵母
425公克 高筋白麵粉，另備少許作為手粉
2小匙 鹽
5-7枝迷迭香枝條，只取葉片，把其中2/3
切碎

90毫升 橄欖油，另備少許塗刷表面用
1/4小匙 現磨黑胡椒
薄片海鹽

1. 把酵母粉撒在4大匙溫水裡，靜置5分鐘，攪拌一次。

2. 在大碗中混合鹽和麵粉，在中間挖一個洞。

3. 加入2/3的碎迷迭香、4大匙油、酵母溶液、胡椒和240毫升的溫水。

4. 慢慢把麵粉拌入其他材料，形成光滑的麵團。

5. 麵團應該柔軟又黏手。請不要試圖多加麵粉讓麵團變得比較乾。

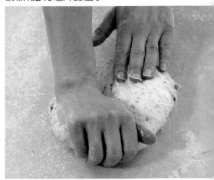

6. 在麵團上撒一點麵粉，並在預先撒了麵粉的工作檯面上揉5-7分鐘。

7. 揉好之後，麵團會非常平滑、有彈性。放進抹了油的大碗裡。

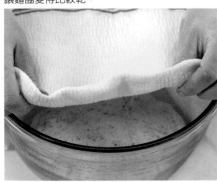

8. 用溼茶巾蓋住，放在溫暖的地方發酵1-1.5小時，直到體積變成兩倍為止。

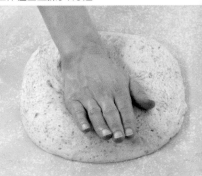

9. 把麵團放在預先撒了麵粉的工作檯面上，擠出麵團裡的空氣。

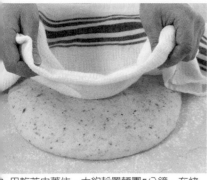

. 用乾茶巾蓋住，大約靜置麵團5分鐘。在烤上抹油。

11. 把麵團移到烤盤中，用手把麵團推平，均勻鋪滿烤盤。

12. 用茶巾蓋住烤盤，放在溫暖的地方發酵35-45分鐘，讓麵團膨脹。

. 烤箱預熱至200°C。在麵團表面撒上沒有切、1/3量的迷迭香葉片。

. 用手指頭在麵團上到處戳出小洞。

. 用湯匙把剩下的橄欖油均勻澆在麵團表面，撒上薄片海鹽。

16. 放在烤箱最上層烤15-20分鐘，直到烤出棕色。移至網架上。 **也可以嘗試⋯⋯鼠尾草佛卡夏**
省略步驟3中的迷迭香和黑胡椒，加入3-5枝切碎的鼠尾草。

迷迭香佛卡夏

佛卡夏的幾種變化

黑莓佛卡夏

經典麵包的甜蜜改版,最適合夏末的野餐聚會。

6-8人份　30-35分鐘　15-20分鐘

總發酵時間
1小時30分 - 2小時15分

特殊器具
38×23公分 的瑞士捲蛋糕模

材料
1大匙 乾酵母
425公克 高筋白麵粉,另備少許作為手粉
1小匙 鹽
3大匙 砂糖
90毫升 特級初榨橄欖油,另備少許塗刷表面用
300公克 黑莓

作法

1. 把酵母撒在4大匙溫水中,靜置5分鐘讓酵母溶化,攪拌一次。

2. 取一個大碗,混合麵粉、鹽和2大匙糖,在中間挖一個洞,倒入酵母溶液、4大匙油和240毫升的溫水。把麵粉拌入液體材料,做成平滑的麵團。這個麵團應該又軟又黏,不要再多加麵粉讓麵團變乾。

3. 在雙手和麵團撒上麵粉,把麵團倒在預先撒了麵粉的工作檯面上,揉5-7分鐘,直到麵團平滑有彈性。移到抹了油的大碗中,用溼茶巾蓋住,放在溫暖的地方發酵1-1.5小時,直到體積膨脹成兩倍為止。

4. 在烤盤上抹足量橄欖油,把麵團倒出來,擠出空氣。用乾茶巾蓋住,靜置麵團5分鐘,然後移到烤盤內,用手將麵團拍扁、推平,直到鋪滿整個烤盤為止。在表面撒上黑莓、蓋好,放在溫暖的地方發酵35-45分鐘,直到麵團鼓脹為止。

5. 烤箱預熱至200°C,把剩下的油刷在麵團上,再撒上剩餘的糖。放在烤箱最上層烤15-20分鐘,直到烤出略呈棕色。在網架上稍微放涼,然後趁熱上桌。

事先準備
麵團揉好之後,在步驟3的最後,可把麵團用保鮮膜鬆鬆蓋住,放在冰箱裡發酵到隔天。

經典麵包

48

法式葉子麵包

法式葉子麵包（fougasse）就是法國版的義大利佛卡夏，最容易與普羅旺斯地區聯想在一起。傳統的葉片造型其實很容易做，外觀也很討喜。

可做3塊　30-35分鐘　15分鐘

總發酵時間
6小時

材料
5大匙 特級初榨橄欖油，另備少許塗刷表面
1顆洋蔥，切碎
2條背肉培根，切碎
400公克 高筋白麵粉，另備少許作為手粉
1.5小匙 乾酵母
1小匙 鹽
薄片海鹽，撒在表面用

作法

1. 在平底煎鍋內熱1大匙油，把洋蔥和培根炒到呈棕色，取出備用。

2. 在小碗中加入150毫升的溫水，撒上酵母，靜置待溶解，攪拌一次。在大碗中放200公克麵粉，中間挖一個洞，把酵母溶液倒入洞中，拌入麵粉、形成麵團，蓋上後靜置，要讓麵團發起來又塌下去，大約需4小時。

3. 加入剩餘的麵粉，150毫升水、鹽、和剩下的油，攪拌均勻，在預先撒了少許麵粉的工作檯面上，揉成光滑的麵團。放回大碗中，發酵1小時，或直到麵團體積變成兩倍為止。

4. 在3個烤盤中鋪烘焙紙，把麵團裡的空氣壓出來，撒上洋蔥與培根。揉一下，把麵團分成3球，用擀麵棍擀成2.5公分厚的圓片，放在烤盤中。

5. 製作葉片造型：用刀在圓片中央的上半部縱向劃一刀；下半部也縱向劃一刀，然後兩側各斜切三刀，要切到底、穿透麵團，但不要一路切到麵團邊緣。在麵團表面刷上橄欖油，撒上海鹽，靜置發酵1小時，或直到體積變成兩倍為止。

6. 烤箱預熱至230°C，烤15分鐘，把麵團烤出金黃色。移至網架上冷卻再上桌。

貝果 (Bagels)

貝果的作法其實超級簡單。刷上蛋液以後，不妨嘗試撒上罌粟籽或芝麻。

可做8-10個 | 40分鐘 | 20-35分鐘 | 未烘烤可保存8週

總發酵時間
1.5-3小時

材料
600公克 高筋白麵粉，另備少許作為手粉
2小匙 細鹽
2小匙 砂糖
2小匙 乾酵母
1大匙 葵花油，另備少許塗刷表面
1個蛋 打散，上色用

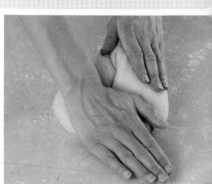

1. 把麵粉、鹽和糖放在大碗中。另外以300毫升溫水融化酵母粉。

2. 把油加進酵母溶液中，再把酵母溶液倒入麵粉中，攪拌至形成柔軟的麵團。

3. 在預先撒了麵粉的工作檯面上揉10分鐘，揉到麵團平滑為止。放進抹了油的碗中。

4. 用保鮮膜鬆鬆蓋住，放在溫暖的地方發酵1-2小時，直到體積膨脹成兩倍為止。

5. 將麵團移到預先撒了麵粉的工作檯面上，壓回原本的大小，分切成8-10塊。

6. 分別把每塊麵團用手掌搓成粗短的圓柱狀。

7. 用手掌持續將麵團搓長，要搓到約25公分長。

8. 順著手指關節把麵團繞一圈，接合處在手掌內側。

9. 將接合處輕輕壓緊，然後揉一揉，讓麵團黏牢。在這個階段，麵團中間的洞應該還是很大

10. 移到鋪了烘焙紙的兩個烤盤上，繼續把每個貝果麵團都照樣處理好。

11. 用保鮮膜和茶巾蓋好，放在溫暖的地方發酵約1小時，直到體積脹成兩倍為止。

12. 烤箱預熱至220°C，並煮開一大鍋水。

13. 把貝果放進微滾的水中汆燙，兩面各燙1分鐘。

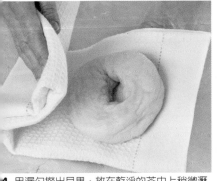

14. 用漏勺撈出貝果，放在乾淨的茶巾上稍微瀝乾。

15. 把貝果放回烤盤上，刷上少許蛋液。

16. 放在烤箱中央，烤25-30分鐘，直到烤出金黃色澤。在網架上冷卻約5分鐘後再上桌。

保存 最好是當天吃掉，但第二天烤一烤再吃也很美味。

貝果的幾種變化

肉桂葡萄乾貝果

這種加了香料的甜貝果剛出爐時最美味。沒吃完的可以去掉外皮，做成另類的麵包奶油布丁（見168頁）。

可做8-10個　40分鐘　20-25分鐘　未烘烤可保存8週

總發酵時間
1.5-3小時

材料
600公克 高筋白麵粉，另備少許作為手粉
2小匙 細鹽
2小匙 砂糖
2小匙 肉桂粉
2小匙 乾酵母
1大匙 葵花油，另備少許塗刷表面
50公克 葡萄乾
1顆蛋，打散，上色用

作法

1. 把麵粉、鹽、糖和肉桂粉放在大碗中，另外用300毫升的溫水溶解酵母，輕輕攪拌讓酵母溶解，再把油加進去。把酵母溶液慢慢倒入麵粉中，攪拌成柔軟的麵團，移到預先撒了足量麵粉的工作檯面上揉，直到揉成平滑、柔軟、有彈性的麵團為止。

2. 把麵團展開壓薄，均勻撒上葡萄乾，再稍微揉一下，讓葡萄乾和麵團結合。把麵團放在抹了油的大碗裡，用保鮮膜蓋好，放在溫暖的地方發酵1-2個小時，讓麵團體積膨脹成將近兩倍。

3. 把麵團放在預先撒了麵粉的工作檯面上，輕輕把空氣都擠出來，讓麵團恢復原來的大小，然後均分成8-10塊。用手掌先把每塊麵團搓成粗短的圓柱狀，再用雙手慢慢搓成長度約25公分的長條。

4. 順著指關節把麵團繞一圈，讓接合處剛好在手掌內側。輕壓接合處，然後稍微揉一揉貝果，讓接合處黏牢，在這個階段，貝果中間的洞應該還是很大。把做好的貝果移到兩個鋪了烘焙紙的烤盤上，用保鮮膜和茶巾鬆鬆蓋好，放在溫暖的地方發酵1小時，直到麵團膨脹、體積變成兩倍為止。

5. 烤箱預熱至220°C，並煮沸一大鍋水。每次放3-4個貝果到微滾的熱水中，汆燙約1分鐘，動作要輕柔，然後翻面再燙1分鐘。用漏勺撈起來，在茶巾上稍微瀝乾，再放回烤盤裡，在表面刷上蛋液。放在烤箱中央烤約20-25分鐘，直到烤出金褐色，再移出烤箱，放在網架上冷卻至少5分鐘後才上桌。

保存

當天吃最好，不過第二天烤一烤再吃也很美味。

迷你貝果

非常適合開派對用的食物，可以橫剖成一半，簡單放上奶油乳酪、一片煙燻鮭魚、檸檬汁和一撮黑胡椒碎粒即可上桌。

可做16-20個　45分鐘　15-20分鐘　未烘烤可保存8週

總發酵時間
1.5-2.5小時

材料
一份貝果麵團，見50頁，步驟1-4。

作法

1. 麵團發好後，放在預先撒了麵粉的工作檯面上，輕輕壓出裡面的空氣，然後把麵團平均分成16-20份，就看成品想要是多小的貝果。每個麵團都用手掌搓成圓柱狀，再用雙手一起搓成約15公分的長條。

2. 把麵團繞在中間三根手指上，接縫處在手掌內側，輕輕按壓，並稍微搓一搓，讓接縫處黏牢。中間的洞在這個階段應該還是很大，將貝果移到兩個鋪了烘焙紙的烤盤上，用保鮮膜和茶巾鬆鬆蓋好，放在溫暖的地方發酵30分鐘，直到麵團鼓脹為止。

3. 烤箱預熱至220°C，並煮沸一大鍋水。每次汆燙6-8個貝果，每一面燙30秒。撈出後用茶巾稍微瀝乾。刷上蛋液，烤15-20分鐘，直到把貝果烤出金褐色，移出烤箱，在網架上冷卻5分鐘之後再吃。

保存

這種迷你貝果最好出爐當天趁新鮮吃掉，但第二天烤一烤再吃也很美味。

烘焙師小祕訣

要烤出真正的貝果，祕訣就是貝果發酵好之後，要先在微微沸騰的水中很快汆燙過，再送進烤箱烤。就是有這道特別的手續，才能創造出貝果經典的嚼勁和柔軟的內部。

蝴蝶餅（Pretzels）

這種德式麵包做起來很好玩，要用兩階段上色的方式，才能做出色澤滿分的蝴蝶餅。

可做16個　50分鐘　20分鐘　可保存8週

總發酵時間
1.5-2.5小時

材料
350公克 高筋白麵粉，另備少許作為手粉
150公克 中筋麵粉
1小匙 鹽
2大匙 砂糖
2小匙 乾酵母
1大匙 葵花油，另備少許塗刷表面

上色部分
1/4小匙 小蘇打
粗海鹽或2大匙芝麻
1顆蛋，打散，上色用

1. 把兩種麵粉、鹽和糖都放在大碗裡。

2. 把酵母撒在300毫升溫水中，攪拌，靜置5分鐘後，把油加進酵母溶液。

3. 慢慢把酵母溶液倒入麵粉中，攪拌成柔軟的麵團。

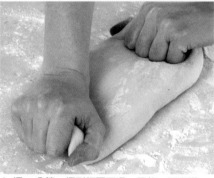

4. 揉10分鐘，揉到麵團平滑、柔軟，又有彈性，然後放入抹了油的大碗中。

5. 用保鮮膜鬆鬆蓋住，放在溫暖的地方發酵1-2小時，直到體積膨脹成將近兩倍為止。

6. 把麵團倒在預先撒了少許麵粉的工作檯面上輕輕把空氣擠出來。

7. 用利刀把麵團平均分割成16小塊。

8. 用手把每塊麵團都搓成長條形。

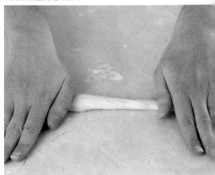

9. 用雙掌慢慢把麵團往兩邊搓長，搓成約45公分長的長條。

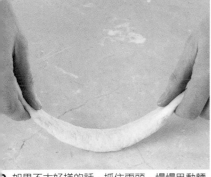

⓪. 如果不太好搓的話，抓住兩頭，慢慢甩動麵
糰畫圓，像跳繩那樣。

11. 兩手抓住麵糰兩端，交叉、做成心型。

12. 兩端再交叉一次，像手勾手那樣。

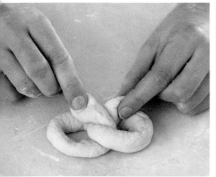

⓭. 把末端黏在脆餅邊緣，在這個階段，麵糰看
起來還是鬆鬆的。

14. 做出總共16個蝴蝶餅，放在鋪了烘焙紙的烤
盤上。

15. 用保鮮膜和茶巾蓋住，放在溫暖的地方發酵
30分鐘，直到麵糰鼓脹為止。

⓰. 烤箱預熱至200°C，用2大匙沸水溶化小蘇
打。

17. 將小蘇打溶液刷在蝴蝶餅上，這樣會讓蝴蝶
餅顏色變深、外層有嚼勁。

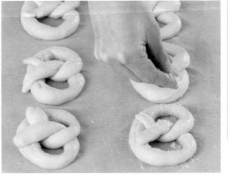

18. 在刷過小蘇打溶液的蝴蝶餅上撒片狀海鹽或
芝麻，烤15分鐘。

⓳. 從烤箱中取出，刷上少許蛋液。再烤5分鐘。

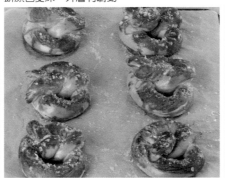

20. 從烤箱中取出，蝴蝶餅的外表應該看起來是
深金色且有光澤。

21. 在網架上冷卻至少5分鐘再上桌。

蝴蝶餅的幾種變化

香甜肉桂蝴蝶餅

跟原味蝴蝶餅相比，這款美味的甜蝴蝶餅絕對是剛出爐時最好吃。如果要吃前一天剩下的，可以用烤麵包機烤一下，或是用烤箱以中火加熱。

可做16個　50分鐘　20分鐘　可保存8週

總發酵時間
1.5-2.5小時

材料
1份還沒烤的蝴蝶餅麵團，見56-57頁，步驟1-15

上色部分
1/4小匙 小蘇打
1顆蛋，打散
25公克 無鹽奶油，融化
50公克 砂糖
2小匙 肉桂粉

作法

1. 烤箱預熱至200°C，用2大匙滾沸的開水溶化小蘇打粉，刷在塑形完成、已經發好的蝴蝶餅上。烤15分鐘之後移出烤箱，刷上蛋液，再放回烤箱烤5分鐘，把蝴蝶餅烤出深金色，而且閃亮有光澤。

2. 從烤箱取出蝴蝶餅，為每一個都刷上奶油，把肉桂粉和砂糖放在盤子裡混合，用蝴蝶餅刷了奶油的那面去沾肉桂糖粉。在網架上靜置冷卻至少5分鐘才上桌。

保存

放在密封容器中可以保存到第二天。

烘焙師小祕訣

蝴蝶餅之所以有傳統的桃花心木色澤和耐嚼的質地，是因為先迅速浸過小蘇打溶液，才送進烤箱。在家這樣處理麵團可能不太容易，所以要確實刷過兩次麵團：先刷小蘇打溶液，再刷蛋液，這是做出完美蝴蝶餅的簡單作法。

熱狗蝴蝶餅

這種「蝴蝶狗」在小朋友的派對上肯定會掀起一陣旋風。麵包作法其實很簡單，也很適合當作營火晚會的點心。

可做8個　30分鐘　15分鐘　可保存8週

總發酵時間
1.5-2.5小時

材料
150公克 高筋白麵粉，另備少許作為手粉
100公克 中筋麵粉
0.5小匙 鹽
1大匙 砂糖
1大匙 乾酵母
0.5大匙 葵花油，另備少許塗刷表面用
8根熱狗
黃芥末醬（可省略）

上色部分
1大匙 小蘇打
粗海鹽

作法

1. 把兩種麵粉、鹽、糖都放進大碗裡。另外把乾酵母撒在150毫升溫水上，攪拌一次、靜置5分鐘讓酵母溶解。溶解後把油也加進酵母溶液。

2. 把酵母溶液倒進麵粉中，攪拌成柔軟的麵團。放在預先撒了麵粉的工作檯面上揉10分鐘，直到麵團平滑、柔軟且有彈性為止。放進抹了少許油的大碗中，用保鮮膜鬆鬆蓋好，放在溫暖的地方發酵1-2小時，直到體積幾乎膨脹成兩倍為止。

3. 把麵團倒在預先撒了麵粉的工作檯面上，擠出麵團裡的空氣，然後均分成8小塊。用手把每塊麵團都搓成圓柱狀，再用雙手慢慢搓成長約45公分的長條。如果不好搓，就抓住兩頭甩圈圈，就像甩跳繩那樣。

4. 拿一條熱狗，如果喜歡黃芥末（又不在意弄得亂糟糟的話），就刷些黃芥末在熱狗上，從熱狗的一端開始，用蝴蝶餅麵團把熱狗裹起來，讓麵團完全捲住熱狗，只露出頭尾一點點。包住熱狗最兩端的麵團要捏緊，免得麵團鬆開。

5. 把熱狗麵團放在鋪了烘焙紙的烤盤上，用抹了油的保鮮膜和茶巾蓋好，放在溫暖的地方發酵約30分鐘，直到麵團鼓脹為止。烤箱預熱至200°C。

6. 在鍋中燒開1公升的水，把小蘇打放進沸水中溶解。每次放三個熱狗蝴蝶餅在微滾的水中汆燙1分鐘，用漏勺撈起來後，放在茶巾上稍微瀝乾，再放回烤盤。

7. 在麵團上撒海鹽，大約烤15分鐘，直到麵包烤出金褐色、帶有光澤，再從烤箱中取出，放在網架上，放涼5分鐘後即可上桌。

保存

趁熱吃最好，但若用密封容器裝好，放進冰箱冷藏可保存到第二天。

經典麵包

蝴蝶餅的幾種變化

歐式麵包
artisan breads

酸麵團麵包（Sourdough Loaf）

真正的酸麵團老麵（也有人稱為「酵頭」）是利用天然產生的酵母來發酵的。用乾酵母是有一點取巧，但是比較可靠。

可做2個　45-50分鐘　45-50分鐘　可保存8週

老麵發酵時間
4-6天

總發酵時間
2-2.5小時

材料

老麵部分
1大匙 乾酵母
250公克 高筋白麵粉

中種麵團（sponge）部分
250公克 高筋白麵粉，另備少許作為手粉

主麵團部分
1.5小匙 乾酵母
375公克 高筋白麵粉，另備少許作為手粉
1大匙 鹽
蔬菜油，塗刷表面用
粗磨玉米粉或細黃玉米粉，作為手粉

1. 3-5天前就要先製作老麵。用500毫升溫水溶解酵母。

2. 拌入麵粉，放在溫暖的地方發酵24小時。

3. 檢查一下老麵，應該會呈泡沫狀，聞起來有明顯的酸味。

4. 攪拌，蓋好，繼續發酵2-4天，每天都要攪一攪。然後就可以使用了，不然就要冰起來。

5. 中種麵團部分，取250毫升老麵放在大碗中，再加入250毫升溫水。

6. 拌入麵粉，用力攪拌，再撒上3大匙麵粉。

7. 用溼茶巾蓋住，放在溫暖的地方發酵一個晚上。

8. 主麵團部分，用4大匙溫水溶化酵母，混入中種麵團裡面。

9. 拌入一半分量的麵粉和鹽，攪拌均勻，讓所有材料結合。

. 慢慢加入剩餘的麵粉，攪拌均勻，直到形成
柔軟、有點黏的麵團。

11. 揉8-10分鐘，直到麵團非常平滑、有彈性
後，放進抹過油的大碗中。

12. 用溼茶巾蓋住，放在溫暖的地方發酵1-1.5小
時，直到體積膨脹成兩倍為止。

. 在兩個直徑20公分的大碗中各鋪一塊布，撒
大量麵粉。

14. 在撒了麵粉的工作檯面上，把麵團裡的空氣
擠出來，然後將麵團切成兩半，各自整成球狀。

15. 將麵團分別放入鋪了布巾的大碗，蓋上茶
巾，保暖1個小時，直到麵團脹滿整個碗。

. 在烤箱中放入一個烤盤，並將烤箱預熱至
00°C。在另外兩個烤盤上撒玉米粉。

17. 把麵團接縫處朝下，放在撒了玉米粉的烤盤
中，取下布巾。

18. 用利刀在麵團上各劃一個十字。

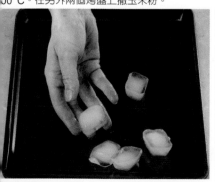

. 將麵團放進烤箱，並在已經烤得滾燙的烤盤
放冰塊，然後烤約20分鐘。

20. 將烤溫降至190°C，再烤20-25分鐘，直到
麵包均勻上色。

21. 將麵包移至網架上。**保存** 這種麵包只要用紙
緊緊包好，就可以放2-3天。

酸麵團麵包的幾種變化

酸麵團小麵包

這種漂亮的小麵包最適合帶去野餐。

可做12個　40-50分鐘　25-30分鐘　可保存8週

老麵發酵時間
4-6天

總發酵時間
2-2.5小時

材料
1份酸麵團麵包的麵團，見62-63頁，步驟1-12

作法

1. 在2個烤盤上撒玉米粉，將麵團中的空氣擠出，並切成兩塊。將其中一塊搓成直徑5公分粗的柱狀，再切成6塊，另一份麵團也一樣。

2. 在工作檯面上撒少許麵粉，將一塊小麵團罩在掌心下、用掌心在檯面上畫圈，把麵團搓成光滑的球狀。所有麵團都照樣做成小球。把搓好的小球放在預備好的烤盤中，蓋好，放在溫暖的地方發酵30分鐘，直到體積膨脹成兩倍。

3. 烤箱預熱至200˚C，每個麵團上撒少許麵粉，然後用刀在每個麵團表面中央畫上十字。在烤箱底層放入一個烤盤一起加熱。把冰塊丟入底層烤盤中，麵團則放在烤箱中央烘烤25-30分鐘，直到外表呈金黃色，且輕敲底部時會發出空洞的聲音。

保存

這種小麵包可以放2-3天，只要用紙緊緊包好即可。

事先準備

這種麵包可以在做到塑形階段時冷凍起來。要烤時先移到室溫下退冰，即可撒上麵粉並烘烤。

歐式麵包

水果與堅果酸麵團麵包

葡萄乾和核桃是氣味強烈的酸麵團麵包的好搭檔。一旦學會如何結合水果、堅果和麵團，就用你最喜歡的其他食材組合來做實驗吧。

可做兩個　45-50分鐘　40-45分鐘　可保存8週

老麵發酵時間
4-6天

總發酵時間
2-2.5小時

材料
1份老麵和1份中種麵團，見62頁，步驟1-7

主麵團部分
2小匙 乾酵母
275公克 高筋白麵粉，另備少許作為手粉
100公克 黑麥麵粉
1大匙 鹽
50公克 葡萄乾
50公克 核桃，切碎
蔬菜油，塗刷表面用
玉米粉，作為手粉用

作法

1. 用4大匙溫水溶化酵母粉，靜置5分鐘至起泡，然後混入中種麵團。將兩種麵粉混合，把鹽和一半分量的麵粉加入中種麵團，攪拌均勻，直到麵團成為柔軟、黏手的球狀。

2. 在撒了麵粉的工作檯面上揉8-10分鐘，直到麵團變得平滑、有彈性。將麵團大略壓扁成長方形，撒上葡萄乾和核桃，再把麵團揉在一起，把葡萄乾和核桃揉進麵團。

3. 麵團放入抹過油的大碗，用溼茶巾蓋住，放在溫暖的地方發酵1-1.5小時，直到體積膨脹成兩倍。在兩個直徑20公分的大碗裡各鋪一塊布，並撒上麵粉。在撒了麵粉的工作檯面上，把麵團裡的空氣擠出來，將麵團切成兩半，各自塑形成球狀，放進大碗，用乾茶巾蓋好，放在溫暖的地方發酵1個小時，直到麵團發滿整個大碗為止。

4. 烤箱預熱至200˚C，烤箱底層放一個烤盤一起加熱。另取兩個烤盤，撒上玉米粉，麵團接縫處朝下、放在烤盤上，表面用利刀畫出十字。

5. 在底層烤熱的烤盤上放一些冰塊，將麵團送入烤箱烤20分鐘，然後把烤溫調降至190˚C，再烤20-25分鐘，直到麵包烤成均勻的褐色。移到網架上冷卻。

保存

用紙緊緊包好，可以保存2-3天。

普利亞麵包

普利亞麵包（Pugliese）是經典的義大利鄉村麵包，以橄欖油調味、保存。如果麵團剛開始看起來很溼，請不必擔心，因為麵團愈鬆散，最後烤出來的麵包氣孔就愈大。

可做1個　30分鐘　30-35分鐘　可保存4週

老麵發酵時間
12小時或隔夜

總發酵時間
最多4小時

材料

義式老麵「畢卡」（biga）部分
1/4小匙 乾酵母
100公克 高筋白麵粉
橄欖油，塗刷表面用

主麵團部分
0.5小匙 乾酵母
1大匙 橄欖油，另備少許塗刷表面用
300公克 高筋白麵粉，另備少許作為手粉
1小匙 鹽

作法

1. 先製作畢卡老麵，用100毫升溫水溶解酵母並攪拌。把酵母溶液加入麵粉裡，攪拌成麵團。把麵團放進抹過油的碗中，用保鮮膜蓋好，放在陰涼的地方發酵至少12小時，或者放一個晚上。

2. 主麵團部分，用140毫升溫水溶解乾酵母，再把油加進去。將畢卡老麵、麵粉和鹽都放在大碗中，加入酵母溶液，大致攪拌成麵團。在預先撒了足量麵粉的工作檯面上揉10分鐘，直到麵團平滑有彈性。

3. 把麵團放在抹過油的碗中，用保鮮膜蓋住，放在溫暖的地方發酵最多2小時，直到體積變成兩倍。將麵團倒在撒了麵粉的工作檯面上，擠出空氣後把麵團整成喜歡的形狀。我個人偏好圓潤的橢圓形。

4. 將麵團放在烤盤上，用抹了油的保鮮膜和茶巾蓋住，放在溫暖的地方發酵，最多2個小時，直到體積膨脹成兩倍為止。當麵團看來緊繃且膨脹得很均勻時，用手指戳戳看，若是會迅速彈回，就可以送進烤箱了。烤箱需預熱至220˚C。

5. 用刀在略偏離中線的地方畫一刀，撒上麵粉，噴點水，放在烤箱中層烘烤30-35分鐘。若希望表皮酥脆，每隔10分鐘噴一次水霧。烤好後從烤箱中移出放涼。

保存

這種麵包用紙緊緊包住可保存2-3天。

法國長棍麵包 (Baguette)

只要掌握了這個基礎配方，就能隨自己的喜好把麵包做成法國長棍麵包、細棍子麵包 (ficelle) 或傳統法國麵包 (bâtard)。

可做2條 | 30分鐘 | 15-30分鐘 | 可保存4週

老麵發酵時間
12小時或隔夜

總發酵時間
3.5小時

材料

中種麵團部分
1/8小匙 乾酵母
75公克 高筋白麵粉
1大匙 黑麥麵粉
蔬菜油，塗刷表面用

主麵團部分
1小匙 乾酵母
300公克 高筋白麵粉，另備少許作為手粉
0.5小匙 鹽

1. 以75毫升溫水溶解酵母，加進兩種麵粉裡。

2. 攪拌成黏手、鬆散的麵團，放進抹過油的大碗裡，要有足夠的空間讓麵團膨脹。

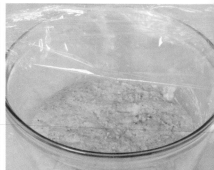

3. 用保鮮膜蓋住，放在陰涼的地方發酵至少12小時。

4. 製作主麵團，用150毫升的溫水溶解酵母，攪拌。

5. 把膨脹的中種麵團、麵粉和鹽都放進大碗，倒入酵母溶液。

6. 用木匙把以上材料都攪拌在一起，形成柔軟的麵團。

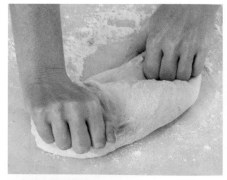

7. 在預先撒了麵粉的工作檯面上揉10分鐘，直到麵團柔軟、光滑、有彈性。

8. 麵團放在抹過油的大碗裡，用保鮮膜蓋好，放在溫暖的地方發酵2小時。

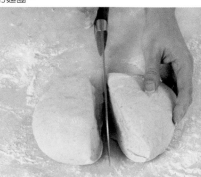

9. 把麵團移到預先撒了麵粉的工作檯面上，把空氣擠出來。若要做長棍麵包就分切成兩塊；細棍子麵包則要切成三塊。

0. 每塊麵團都稍微揉一下，整成長方形。把其
中一側的短邊拉向中間。

11. 用力往下壓，把對面的短邊也拉過來蓋好，
再用力壓下去。

12. 把麵團塑形成橢圓形，捏緊接縫、讓麵團黏
好，並把接縫那面朝下。

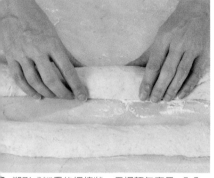

13. 塑形成細長的棍棒狀，長棍麵包應是4公分
寬；細棍子麵包則是2-3公分寬。

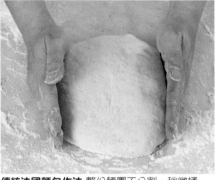

傳統法國麵包作法 整份麵團不分割，稍微揉一
下之後，約略整成四方形。

把離自己最遠的那一邊往中心折，壓緊，再把最
靠近自己那邊也折向中央。

把麵團翻過來，讓接縫處朝下，稍微塑形一下，
讓兩端略呈錐形。

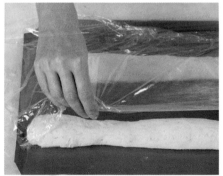

14. 把塑形好的麵團放在烤盤上，用抹過油的保
鮮膜和乾淨的茶巾蓋好。

15. 放在溫暖處發酵1.5個小時，直到體積膨脹成
2倍為止。烤箱預熱至220˚C。

16. 在麵團表面深深斜劃幾刀，若是傳統法國麵
包則劃十字。

17. 在麵團上撒少許麵粉，噴一點水，放在烤箱
中層烘烤。

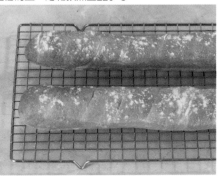

18. 細棍子麵包烤15分鐘；長棍麵包烤20分鐘；
傳統法國麵包烤25-30分鐘。放涼。

法國長棍麵包的幾種變化

麥穗麵包

誘人的麥穗麵包（Pain d'épi）是法國長棍麵包的變化版，因外型酷似麥穗而得名，也就是法文的「épi」。麥穗造型不難做，還有非常好的裝飾效果。

可做3條　40-45分鐘　25-30分鐘

總發酵時間
4-5小時

材料
2.5小匙 乾酵母
500公克 高筋白麵粉，另備少許作為手粉
2小匙 鹽
無鹽奶油，融化，塗刷表面用

作法

1. 把乾酵母撒在4大匙溫水中，靜置5分鐘直到溶解為止，攪拌一次。

2. 把麵粉和鹽放在工作檯面上，中間挖個洞，加入酵母溶液和365毫升的溫水。把麵粉往中間拌，做成麵團，質地應該柔軟而略黏。

3. 在預先撒了麵粉的工作檯面上揉麵團，大約揉5-7分鐘，直到麵團變得非常光滑有彈性為止。把麵團放進大碗，刷上奶油。用溼茶巾蓋住，放在溫暖的地方發酵2-2.5小時，直到體積膨脹成三倍大。

4. 把麵團倒在預先撒了少許麵粉的工作檯面上，把空氣擠出來。再放回碗裡，蓋好，放在溫暖的地方發酵1-1.5小時，直到體積膨脹成兩倍。

5. 撒一些麵粉在一塊棉布上。再把麵團倒在預先撒了麵粉的工作檯面上，把空氣擠出來。把麵團平均分切成三塊。為其中一塊塑形時，另外兩塊要蓋好。在手上撒麵粉，把麵團輕輕拍打成18×10公分的長方形。

6. 從長邊開始，用手指捏和壓，把長方形塑形成長條圓柱狀。邊搓邊把麵團拉長，直到搓成長約35公分的圓柱。塑形好的麵團放在步驟5中撒了麵粉的布上。重複同樣動作塑形

另外兩塊麵團，完成後，在布上把每條麵團之間的布往上提，類似為麵團做出「隔間」。

7. 用乾燥的茶巾蓋住麵團，放在溫暖的地方發酵1小時，直到體積膨脹成兩倍。將烤箱預熱至220°C，烤箱底層放一個烤盤一起加熱。另外取兩個烤盤撒上麵粉，把兩條麵團滾到其中一個烤盤上，麵團之間要距離15公分。另一條麵團則滾到另一個烤盤上。

8. 用刀以畫V形的方式在麵包上做出切口，下刀深度約到麵團厚度的一半，不切到底。從距其中一端約5-7公分處開始下刀，下第一刀後把尖端往左拉，在距離第一刀切口5-7公分處，同樣方式再切第二刀，再把尖端往右拉，以此類推，麵團上所有用刀切出的尖端都要左右交錯拉開，就能做出「麥穗」。在烤箱底層的熱烤盤上丟一些冰塊，把麵團送入烤箱烤25-30分鐘，直到上色均勻、輕敲時會發出空洞聲即可。放涼後即可食用，最好當天吃完。

全麥法國長棍

嘗試這款比白麵包長棍更健康的高纖
選擇。

| 可做2條 | 20分鐘 | 20-25分鐘 | 可保存4週 |

老麵製作時間

12小時或隔夜

總發酵時間

3.5小時

材料

1份中種麵團，作法見68頁、步驟1-3，以全麥麵粉
取代白麵粉

主麵團部分

0.5小匙 乾酵母
100公克 高筋全麥麵粉
200公克 高筋白麵粉，另備少許作為手粉
0.5小匙 鹽

作法

1. 製作主麵團，以150毫升溫水溶解酵母。
把已經發好的中種麵團、2種不同的麵粉和
鹽都放進大碗中，慢慢將酵母溶液倒入，攪
拌均勻形成麵團。

2. 在預先撒了麵粉的工作檯面上揉10分
鐘，直到麵團光滑、有彈性為止。把麵團放
入抹了少許油的大碗中，用保鮮膜鬆鬆地蓋
上，放在溫暖的地方發酵，最多1.5小時，
直到體積膨脹成兩倍為止。

3. 把麵團倒在預先撒了麵粉的工作檯面
上，擠出麵團中的空氣，再把麵團平均分成
兩塊。兩塊麵團都要分別揉過，並大致整成
長方形。把最遠端的一邊往回折，塞到麵團
中間，用手指壓緊，靠近自己的那一邊也一
樣塞到中間並壓緊。將麵團對折，做成細長
的長橢圓狀，並往下按緊、黏好邊緣。

4. 把麵團翻過來，讓接縫處朝下，用雙手
輕輕將麵團一邊揉，一邊拉成細長的棍狀，
寬度不超過4公分，長度則不要超過烤盤。
請記得麵團是會膨脹的。

5. 把麵團移到兩個烤盤中，鬆鬆地蓋上抹
了油的保鮮膜和一條茶巾。放在溫暖的地方
發酵，直到麵團發好、體積幾乎變成兩倍。

這可能需要長達2個小時。當麵團看起來很
緊繃、膨脹、用手指戳出來的凹洞很快會回
彈時，就可以準備送進烤箱了。烤箱須預熱
至230˚C。

6. 用利刀沿著麵團表面深深斜畫出多條刀
痕，這樣能讓麵包在烤箱裡繼續膨脹。在麵
團表面撒點麵粉（可省略）、噴點水，放在
烤箱中層烤20-25分鐘，若希望外皮更酥

脆，可在烘烤時每10分鐘噴一次水。烤好後
移出烤箱，放在網架上冷卻。

保存

稍微用紙包好，可以放到第二天。

黑麥歐式麵包（Artisan Rye Bread）

黑麥麵包在東歐和中歐非常受歡迎，這道食譜中用的是老麵。

可做1份　25分鐘　40-50分鐘

老麵製作時間
隔夜

總發酵時間
1.5小時

材料

老麵部分
150公克 黑麥麵粉
150公克 罐裝天然活菌優格
1小匙 乾酵母
1大匙 黑糖蜜
1 小匙 葛縷籽（caraway seeds），稍為壓碎

主麵團部分
150公克 黑麥麵粉
200公克 高筋白麵粉，另備少許作為手粉
2小匙 鹽
1顆蛋，打散，塗刷表面上色用
1小匙葛縷籽，裝飾用

1. 把老麵材料和250毫升微溫的水一起放入大碗。

2. 蓋好，靜置一夜。第二天去看時，應該會冒很多泡泡。

3. 製作主麵團：把麵粉和鹽加在一起，然後拌入老麵。

4. 攪拌成麵團，有必要的話可以多加一點水。

5. 把麵團倒在預先撒了麵粉的工作檯面上，揉5-10分鐘，直到麵團光滑有彈性。

6. 把麵團塑形成球狀，放在抹了油的大碗裡，鬆鬆地蓋上保鮮膜。

7. 放在溫暖的地方發酵1小時，或等到體積膨脹成兩倍。

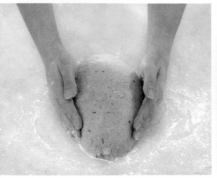

8. 在烤盤上撒麵粉，再輕輕地多揉一下麵團，大致塑形成橄欖球狀。

9. 把麵團移到烤盤中，鬆鬆地蓋好，再靜置發酵約30分鐘。

10. 烤箱預熱至220˚C，麵團表面刷上蛋液。

11. 立刻均勻地撒上葛縷籽，蛋液會把這些種子黏住。

12. 在麵團上縱向劃出刀痕，烤20分鐘，然後把烤溫降到200˚C。

13. 繼續烤20-30分鐘，直到麵團呈深金色。移到網架上放涼。 **保存** 包好、保存得好的話，可放2-3天。 **也可以嘗試……雜糧黑麥麵包** 在步驟5的最後，將100公克雜糧（如南瓜籽、葵瓜籽、芝麻、罌粟籽、松子等等）揉入麵團。

黑麥歐式麵包的幾種變化

榛果葡萄乾黑麥麵包

這個變化版中的榛果和葡萄乾，讓黑麥麵包多了些酥脆口感和甜味。也可以多嘗試各種自己喜歡的堅果與果乾組合。

可做1條　25分鐘　40-50分鐘　可保存8週

老麵製作與總發酵時間

隔夜，外加1.5小時

材料

老麵部分

150公克 黑麥麵粉
150公克 杯裝活菌天然優格
1小匙 乾酵母
1大匙 黑糖蜜

主麵團部分

150公克 黑麥麵粉
200公克 高筋白麵粉，另備少許作為手粉
2小匙 鹽
50公克 榛果，烤過並大致切碎
50公克 葡萄乾
蔬菜油，塗刷表面用
1顆蛋，打散，塗刷表面上色用

作法

1. 將所有老麵材料與250毫升微溫的水一起放入大碗，攪拌均勻。蓋好並靜置過夜。第二天看的時候，應該會冒很多泡泡。

2. 製作主麵團：將麵粉和鹽混合，然後把老麵加進去，攪拌成麵團。有必要的話也可以多加點水。將麵團倒在預先撒了粉的工作檯面上，揉5-10分鐘，或直到麵團光滑有彈性為止。

3. 將麵團大約拉開成長方形，撒上葡萄乾和榛果，把麵團對折，然後輕揉麵團，讓堅果、葡萄乾融入麵團。將麵團整成球形，然後放在抹了油的大碗中，用保鮮膜蓋好，放在溫暖的地方發酵1小時，直到體積變成兩倍為止。

4. 在烤盤上撒麵粉，再稍微揉一下麵團，把麵團整成橄欖球狀，移到烤盤上，鬆鬆地用保鮮膜蓋好，靜置30分鐘讓麵團再次發起來。

5. 烤箱預熱至220°C，在麵團表面刷上蛋液，並順著長邊、縱向劃出刀痕。烤20分鐘後，將烤箱溫度降至200°C，繼續烤20-30分鐘，烤到麵團變成深金色。移到網架上放涼。

保存

用紙包好，這款黑麥麵包可以保存2-3天。

烘焙師小祕訣

這是能替代三明治麵包的健康選擇。麵包體比較紮實，吃起來也更有飽足感。添加不同的雜糧、堅果和果乾，能為成品帶來酥脆口感，加入了更多營養，也為麵包創造出質地的層次感。搭配醃牛肉、泡菜或乳酪更是美味。

歐式麵包

德式黑麥麵包

這款德式黑麥麵包（pumpernickel）少見地加入了可可粉和咖啡粉的組合，為麵包風味增添了深度。

可做1條　20分鐘　30-40分鐘　可保存8週

老麵製作時間
12小時或隔夜

總發酵時間
4.5小時

特殊器具
1 公升的吐司模型

材料

老麵部分
0.5小匙 乾酵母
75公克 黑麥麵粉
30公克 天然活菌優格

主麵團部分
0.5小匙 乾酵母
1小匙 咖啡粉
1大匙 葵花油，另備少許塗刷表面用
130公克 高筋全麥麵粉，另備少許作為手粉
30公克 黑麥麵粉
0.5小匙 可可粉
1小匙 鹽
0.5小匙 葛縷籽，稍為敲扁

作法

1. 製作老麵：先將酵母以100毫升溫水溶解，把黑麥麵粉、優格和酵母溶液都放進大碗，攪拌均勻。用保鮮膜蓋好，放在陰涼的地方發酵至少12小時，或過夜。

2. 製作主麵團：將酵母用3-4大匙的溫水溶解，加入咖啡粉，攪拌到全部溶解，再把油加進去。將老麵、麵粉、可可粉、鹽和葛縷籽都放在大碗中，再加入酵母溶液。

3. 攪拌材料，當材料看起來有點硬的時候，用手揉成麵團。放在預先撒了少許麵粉的工作檯面上揉10分鐘，直到麵團光滑有彈性為止。

4. 麵團放進抹了少許油的大碗中，用保鮮膜鬆鬆地蓋上，放在溫暖的地方發酵最多2小時，體積膨脹成兩倍後，將麵團倒在預先撒了少許麵粉的工作檯面上，輕輕把裡面的空氣擠

出來。再次把麵團塑成球形，放回大碗中，蓋好。靜置1小時讓麵團再度發酵。

5. 把麵團移到預先撒了少許麵粉的工作檯面上，擠出麵團裡的空氣，稍微揉一下，塑成長條圓柱形。把麵團放進抹了少許油的吐司模型中，用抹了油的保鮮膜和乾淨的茶巾鬆鬆地蓋上，放在溫暖的地方繼續發酵1.5小時，直到體積膨脹成幾乎兩倍為止。當麵團表面看來緊

繃、膨脹、用手指戳過後會迅速回彈時，就可以送進烤箱烤了。烤箱需要預熱至200°C。

6. 麵團放在烤箱中央烘烤30-40分鐘，直到麵團膨脹且烤出深棕色外皮。移到網架上放涼。

保存
用紙好好包起來，可保存3天。

西西里麵包（Pane siciliano）

這款質樸的杜蘭小麥粉（semolina）麵包源於西西里島，烘烤後特別好吃，還可做成美味酥脆的義式烤麵包片（bruschetta）。

可做1條　20分鐘　25-30分鐘　可保存4週

老麵製作時間
12小時或隔夜

發酵時間
2.5小時

材料

老麵部分
1/4小匙 乾酵母
100公克 細杜蘭小麥粉或杜蘭小麥粉
蔬菜油，塗刷表面用

主麵團部分
1小匙 乾酵母
400公克 細杜蘭小麥粉或杜蘭小麥粉，另備少許作為手粉
1小匙 細鹽
1大匙 芝麻
1顆蛋，打散、塗刷表面上色用

作法

1. 製作老麵：將酵母以100毫升溫水溶解，然後把酵母溶液加在杜蘭小麥粉裡，攪拌成粗糙、鬆散的麵團。將麵團放在抹了少許油、有足夠空間可以膨脹的大碗中，以保鮮膜封好，放在陰涼的地方，發酵至少12小時或隔夜。

2. 製作主麵團：將酵母以200毫升溫水溶解。將發好的老麵、麵粉和鹽放在大碗中，加入酵母溶液。

3. 用木匙攪拌所有材料，當看起來有點硬的時候，就用手揉成麵團，移到預先撒了麵粉的工作檯上，揉10分鐘，直到麵團光滑有彈性為止。

4. 把麵團放在抹了少許油的大碗中，鬆鬆地用保鮮膜蓋上，放在溫暖的地方發酵1.5個小時，直到體積膨脹成兩倍為止。

5. 將麵團倒在預先撒了麵粉的工作檯面上，輕輕將空氣擠出。稍微揉一下，塑形成想要的形狀。傳統上都是做成球形

（tight boule，請參考34頁核桃與黑麥麵包的塑形方法）。將麵團放在大烤盤上，用抹了油的保鮮膜和乾淨茶巾鬆鬆地蓋上，放在溫暖的地方發酵1小時，直到體積膨脹成幾乎兩倍為止。當麵團看來緊繃、膨脹，且戳下去很快會恢復原狀時，就可以送進烤箱烤了。

6. 烤箱預熱至200˚C，在麵團表面刷上蛋液，均勻撒上芝麻。放在烤箱中央烤25-30分鐘，直到麵團膨脹且外表呈金褐色。從烤箱移出，放在網架上放涼至少30分鐘再上桌。

保存

這種麵包用紙鬆鬆包著可保存2天。

烘焙師小祕訣

這種麵包可以用細粒或一般的杜蘭小麥粉來做。杜蘭小麥也是小麥，所以這並不是無小麥麵包（wheat free），但杜蘭小麥粉確實能創造出質樸而美味的質感，有點像玉米粉那樣。很適合搭配油脂豐富的番茄沙拉一起吃。

歐式麵包

葡萄扁麵包 (Schiacciata di uva)

這款甜味的義大利扁麵包，其實很像甜的佛卡夏，冷吃或熱吃皆宜。

可做1份　25分鐘　20-25分鐘

總發酵時間
3小時

特殊器具
20×30公分的瑞士捲蛋糕模型

材料

主麵團部分
700公克 高筋白麵粉，另備少許作為手粉
1小匙 細鹽
2大匙 砂糖
1.5小匙 乾酵母
1大匙 橄欖油，另備少許塗刷表面用

內餡部分
500公克 無籽小紅葡萄，清洗乾淨
3大匙 砂糖
1大匙 細切過的迷迭香（可省略）

作法

1. 將麵粉、鹽和糖放進大碗中。以450毫升溫水溶解酵母，然後把油加進去。

2. 將酵母溶液慢慢倒入麵粉材料中，攪拌成柔軟的麵團，移到預先撒了麵粉的工作檯面上揉10分鐘，直到麵團光滑有彈性為止。這個麵團應該一直都是軟軟的。

3. 將麵團移到抹了少許油的大碗裡，用保鮮膜鬆鬆地蓋上。放在溫暖的地方發酵2個小時，直到體積膨脹成兩倍。將麵團倒在預先撒了麵粉的工作檯面上，輕輕將空氣擠出來。稍微揉一下，分成2份，大小比例分別是1/3和2/3。在瑞士捲蛋糕模型抹上少許油。

4. 取較大的那份麵團，大致擀成蛋糕模型的大小，放進蛋糕模型之後，用手指將麵團推滿整個烤模，尤其是邊邊。把2/3的葡萄撒在麵團上，並撒上2大匙砂糖。

5. 將小份的麵團擀到面積剛好能蓋住葡萄，需要的話可以用手拉長，蓋在第一份

麵團上，撒上其餘葡萄和碎迷迭香（可省略）。將麵團放在大型烤盤中，用抹了少許油的保鮮膜和乾淨茶巾鬆鬆地蓋上，放在溫暖的地方發酵1小時，直到麵團發好、體積幾乎膨脹兩倍為止。烤箱預熱至200˚C。

6. 將剩下的1大匙砂糖撒在發好的麵團表面，烤20-25分鐘，直到麵團膨脹並呈金褐色為止。從烤箱中移出放涼，至少10分鐘後才可上桌。

保存

最好是出爐當天就吃掉，但若用紙包好，則可放到第二天。

烘焙師小祕訣

這款特別的義大利扁麵包，是托斯卡尼地區傳統上慶祝葡萄收成時會做的麵包。最好是出爐當天吃，糖的量也可以隨喜好酌量加入。搭配乳酪很棒，當然配上義大利紅酒也非常適合。

歐式麵包

葡萄扁麵包

79

四季披薩

如果前一天先做好醬汁，並讓麵團發酵一夜，組合成披薩其實很快。

可做 4個披薩　40分鐘　40分鐘

發酵時間

1-1.5小時

材料

500公克 高筋白麵粉，另備少許作為手粉
0.5小匙 鹽
3小匙 乾酵母
2大匙 橄欖油，另備少許塗刷表面用

番茄醬汁部分

25公克 無鹽奶油
2個 紅蔥頭，切碎
1大匙 橄欖油

1片 月桂葉
3瓣 大蒜，壓碎
1公斤 成熟小番茄，去籽切碎
2大匙 番茄糊
1大匙 砂糖
海鹽及現磨黑胡椒

配料

175公克 莫札瑞拉乳酪，切薄片
115公克 洋菇，切薄片

2大匙 特級初榨橄欖油
2個 烤過的紅椒，切絲
8條 鯷魚片，分別縱切成兩片
115公克 義式臘腸，切薄片
2大匙 酸豆（續隨子）
8個 朝鮮薊心，對半切
12顆 黑橄欖

1. 把麵粉和鹽混合。另外拿一個碗，用360毫升溫水溶解酵母。

2. 把油加入酵母溶液中，再把酵母溶液倒在麵粉裡，攪拌成麵團。

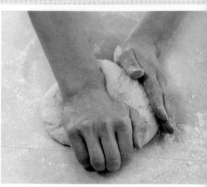

3. 在預先撒了麵粉的工作檯面上揉10分鐘，或揉到麵團光滑有彈性為止。

4. 將麵團整成球狀，放進抹了油的大碗，蓋上抹了油的保鮮膜。

5. 放在溫暖的地方發酵1-1.5小時，直到體積膨脹成兩倍為止，也可以放在冰箱裡過夜。

6. 醬汁部分，以小火熱鍋，加入奶油、紅蔥頭、油、月桂葉和大蒜。

7. 攪拌、蓋上蓋子，讓食材一起悶煮約5-6分鐘，不時攪拌。

8. 加入番茄、番茄糊和糖，煮約5分鐘，攪拌。

9. 加入250毫升的水，煮沸，然後把火關到最小，慢慢熬煮。

餅與脆麵包

. 煮30分鐘，不時攪拌，讓水分蒸發、成為濃稠的醬汁。依喜好調味。

11. 取濾網，用木匙將番茄泥攪拌過濾。加蓋、冷卻備用。

12. 烘烤前，烤箱預熱至200˚C。把麵團移到預先撒了麵粉的工作檯面上。

. 稍微揉一下麵團，分成4份，用擀麵棍或手壓成直徑約23公分的圓餅。

14. 在4個烤盤上抹油，小心地將披薩餅皮移到烤盤上。

15. 把番茄醬汁抹在餅皮上，醬汁塗抹範圍與邊緣距離2公分。

. 如果醬汁有剩，可用小型耐冷凍保鮮盒裝起冷凍，下次繼續用。

17. 餅皮上放莫札瑞拉乳酪，位置分布要平均。

18. 把蘑菇片放在每個披薩占1/4扇形的位置，並刷上橄欖油。

. 在另外1/4扇形上堆放烤紅椒絲，最上面放鯷魚片。

20. 第三個扇形放義大利臘腸片和酸豆；第四個扇形放朝鮮薊與橄欖。

21. 放在烤箱頂層烘烤，每次烤2個、一次烤20分鐘，或烤到麵團呈金褐色為止。趁熱上桌。

披薩的幾種變化

甜椒披薩餃

披薩餃的義大利原文「calzone」有「褲腿」的意思，或許是因為外表相似，也可能因為這種半圓形酥餅披薩能塞進空間夠大的褲子口袋！

可做 4個披薩餃　　25分鐘　　15-20分鐘

總發酵時間
1.5-2小時

材料
1份披薩麵團，見82-83頁，步驟1-5
4大匙 特級初榨橄欖油，另備少許搭配上桌
2顆 洋蔥，切絲
2顆 紅甜椒，去籽切絲
1顆 青椒，去籽切絲
1顆 黃甜椒，去籽切絲
3瓣 大蒜，剁碎
1小把 任何種類的香草，如迷迭香、百里香、羅勒或荷蘭芹，也可以混搭使用；取葉片剁碎
海鹽
卡宴辣椒粉，酌量
175公克 莫札瑞拉乳酪，濾乾切片
中筋麵粉，作為手粉
1顆蛋 打散，上色用

作法

1. 在平底鍋中熱1大匙的油，加入洋蔥，炒5分鐘直到洋蔥變軟但尚未焦黃。盛到碗中備用。

2. 在鍋中加入剩下的油，加入各色甜椒、大蒜和一半分量的香草。以鹽和卡宴辣椒粉調味，小火加熱7-10分鐘，一邊拌炒、炒到軟化但尚未變成褐色。和洋蔥放在一起，冷卻備用。

3. 擠出麵團裡的空氣，平均分成4份，每塊都擀成約1公分厚的方形麵皮，將甜椒餡料舀入每片餅皮對角線的一側，要留下與邊緣距離2.5公分的空間。

4. 將莫札瑞拉乳酪放在餡料上方，以水沾溼邊緣，角對角折起來，做成三角形，捏緊邊緣，放在預先撒了麵粉的烤盤上，讓麵團發30分鐘。烤箱預熱至230°C。

5. 在蛋裡加入0.5小匙鹽打散，刷在麵團上。烤15-20分鐘，烤到披薩餃呈金褐色。上桌前再刷少許橄欖油。

芝加哥深盤披薩

這是一款豐盛的披薩。深盤披薩（deep pan pizza）的歷史可追溯到1940年代芝加哥。

可做4人份　　35-40分鐘　　20-25分鐘

發酵時間
1小時20分-1小時50分

特殊器具
直徑23公分的蛋糕烤模2個

材料

麵團部分
2.5小匙 乾酵母
500公克 高筋白麵粉，另備少許作為手粉
2小匙 鹽
3大匙 特級初榨橄欖油，另備少許塗刷表面用
2-3大匙 粗磨玉米粉，或細黃玉米粉

醬汁部分
375公克 不辣的義式香腸
1大匙 橄欖油
3瓣 大蒜，剁碎
2罐 容量400公克的罐頭碎番茄
現磨黑胡椒
7-10枝扁葉荷蘭芹小枝的葉片，切碎
175公克 莫札瑞拉乳酪，撕成小塊

作法

1. 在小碗內裝4大匙溫水，再撒入乾酵母。靜置5分鐘，攪拌一次，直到溶解。把麵粉和鹽放入大碗中，中間挖個洞，加入酵母溶液、300毫升溫水和油。把麵粉與溶液拌在一起，攪拌成滑順的麵團，應該要柔軟又有點黏性。

2. 在工作檯面上撒少許麵粉，把麵團揉5-7分鐘，直到非常光滑有彈性為止。拿一個大碗，在碗內刷少許油，把麵團放入大碗內並稍微翻動，讓麵團沾上少許油。用溼茶巾蓋好，放在溫暖的地方發酵1-1.5小時，直到體積膨脹成兩倍為止。

3. 將義式香腸從側邊畫開，把肉擠出、丟掉腸衣。在炒鍋中熱油，加入香腸肉，以中大火炒，用木匙把肉炒散，大約5-7分鐘，炒到肉熟透。火力轉成中火，從鍋中把肉餡移出，保留一大匙的脂肪，其他油倒掉不要。

4. 大蒜下鍋，大約炒30秒，把香腸肉倒回鍋

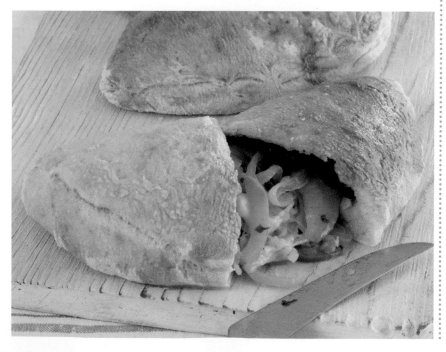

中，並加入番茄、鹽、胡椒和荷蘭芹，但留下1大匙荷蘭芹不要下鍋。不時攪拌，煮約10-15分鐘，直到湯汁變濃稠為止。關火，調味，徹底放涼。

5. 在蛋糕模型内抹油，撒入玉米粉，並翻動模型，讓側邊和底部都沾上玉米粉，最後把模型倒過來，輕輕拍一拍，拍掉多餘的玉米粉。把麵團倒在預先撒了少許麵粉的工作檯面上，擠出裡面的空氣。把麵團平均分成兩塊，再各自塑成球狀。用擀麵棍把麵團**擀**成符合蛋糕模的大小。動作要小心，先把麵團捲在**擀麵棍**上，再輕輕蓋在模型上。用手把麵團往下壓到模型最底部，邊緣則往上提2.5公分，做成邊。用乾茶巾蓋好，讓麵團發酵約20分鐘。烤箱預熱至230°C。放一個烤盤在烤箱中一起加熱。

6. 把醬汁抹在麵團上，邊緣不抹。撒上乳酪和剩下的荷蘭芹，烤20-25分鐘，直到金黃酥脆為止。

白披薩

白披薩（pizza bianca）抹的不是番茄醬汁，而是橄欖油，既能保住水分，又充滿地中海的清爽風味。

可做 | 25分鐘 | 20分鐘
4個披薩

發酵時間
1-1.5小時

材料
4個披薩餅皮，見82-83頁，步驟1-5和12-14
4大匙 特級初榨橄欖油，另備少許塗刷表面用
140公克 戈岡佐拉乳酪，撕碎
12片 帕瑪火腿，撕成條
4顆 新鮮無花果，每顆都切成八瓣，去皮
2個 番茄，去籽切丁
115公克 野生芝麻菜葉片
現磨黑胡椒

作法
1. 烤箱預熱至200°C，將披薩餅皮放在抹了油的烤盤上，把一半分量的橄欖油刷在餅皮上，撒上乳酪。

2. 在烤箱裡烤20分鐘，或烤到餅皮金黃酥脆，再從烤箱中拿出來。

3. 將火腿、無花果、番茄擺在餅皮上，再放回烤箱烤8分鐘，或烤到配料都熱了、且餅皮呈金褐色為止。

4. 撒上芝麻菜，以足量現磨黑胡椒粉調味，灑上剩餘的橄欖油，立刻上桌。

烘焙師小祕訣

無論有沒有番茄醬汁，披薩都一樣美味。不管你喜歡什麼口味，一定要記住：披薩配料一定要平均放在餅皮上，也要加入足夠的水分，不管是用番茄醬汁、乳酪或特級初榨橄欖油都可以，才能確保上面的配料潤澤美味，讓人食指大動。

尼斯洋蔥塔（Pissaladière）

這是義大利披薩的法國版本，名稱源自於「pissala」，是一種用鯷魚做成的醬。

可做4人份　　20分鐘　　1小時25分鐘　　可保存12週

發酵時間
1小時

特殊器具
32.5×23公分的瑞士捲蛋糕烤模

材料

餅皮部分
225公克 高筋白麵粉，另備少許作為手粉
海鹽與現磨黑胡椒

1小匙 黑糖
1小匙 乾酵母
1大匙 橄欖油，另備少許塗刷表面用

配料部分
4大匙 橄欖油
900公克 洋蔥，切絲
3瓣 大蒜
1枝 新鮮百里香枝條
1小匙 普羅旺斯香草（乾燥的綜合百里香、羅勒、迷迭香和奧勒岡）
1片 月桂葉
100公克 罐裝油漬鯷魚
12顆 去籽尼斯黑橄欖，或義大利橄欖

作法

1. 餅皮部分，在大碗中混合麵粉、1小匙鹽和適量黑胡椒。另取一個碗，注入150毫升溫水，加糖後用叉子攪拌、再加入酵母。靜置10分鐘讓碗中食材起泡，然後和橄欖油一起倒進裝有麵粉等食材的碗中。

2. 攪拌成麵團，如果看起來太乾，就加1-2大匙溫水。把麵團倒在預先撒了少許麵粉的工作檯面上，揉10分鐘，或揉到麵團平滑有彈性為止。把麵團整成球狀，放在抹了少許油的大碗中，用茶巾蓋好，放在溫暖的地方發酵1小時，或放到體積膨脹成兩倍為止。

3. 製作配料，以極小火加熱鍋裡的油，放入洋蔥、大蒜、香草和月桂葉，蓋上鍋蓋，以小火加熱。偶爾攪拌，讓水分蒸發，大約煮1小時，或煮到洋蔥變成糊狀為止。小心不要讓洋蔥燒焦，如果開始黏鍋，就加一點水。濾乾水分、挑掉月桂葉後，放到一旁備用。

4. 烤箱預熱至180°C。在預先撒了少許麵粉的工作檯面上稍微揉一下麵團，並擀成

大到能鋪滿瑞士捲蛋糕模型的薄餅皮。把麵皮壓進蛋糕模，用叉子戳出小洞。

5. 把洋蔥糊抹在餅皮上，瀝乾鯷魚、但保留3大匙油，把鯷魚片縱切成兩半。在餅皮上成排擺放橄欖，鯷魚則交叉放在洋蔥糊上。淋上留下來的鯷魚油，撒上黑胡椒。

6. 烤25分鐘，或烤到餅皮變成棕色為止。洋蔥應該不會變焦、也不會乾掉。從烤箱拿出來，趁熱上桌，可以切成長方形、正方形或楔形，也可以等冷卻後再上桌。

烘焙師小祕訣

尼斯洋蔥塔的所有食材都很單純，所以使用品質最好的材料很重要，這樣才能做出最棒的成品。選購鯷魚時要注意，要選擇以優質好油浸泡的鯷魚。如果找得到的話，煙燻鯷魚也會是非常令人驚豔的代替品。

德式洋蔥派（Zwiebelkuchen）

酸奶油和葛縷籽的組合，與用來裝飾這款德國傳統點心的融化洋蔥的甜味形成美妙對比。

可做8人份　30分鐘　60-65分鐘

總發酵時間
1.5-2.5小時

特殊器具
26×32公分大小、邊緣高起的烤盤

材料
4小匙 乾酵母
3大匙 橄欖油，另備少許塗刷表面用
400公克 高筋白麵粉，另備少許作為手粉
1小匙 鹽

配料部分
50公克 無鹽奶油
2大匙 橄欖油
600公克 洋蔥，切絲
0.5小匙 葛縷籽
海鹽與現磨黑胡椒
150毫升 酸奶油
150毫升 法式酸奶油（crème fraîche）
3顆蛋
1大匙 中筋麵粉
75公克 煙燻五花培根，切碎

作法

1. 製作餅皮，將酵母以225毫升溫水溶解，加入橄欖油，靜置備用。將麵粉和鹽篩在大碗中，麵粉中央挖個洞，倒入酵母溶液，持續攪拌。用手壓成柔軟的麵團，然後倒在預先撒了足量麵粉的工作檯面上，揉10分鐘，直到麵團柔軟、平滑、有彈性為止。

2. 把麵團放在抹了少許油的大碗裡，蓋上保鮮膜，放在溫暖的地方發酵1-2小時，直到體積膨脹成兩倍為止。

3. 製作餡料，在深的大鍋中加熱奶油和橄欖油。放入洋蔥絲和葛縷籽，以鹽和黑胡椒調味。蓋上蓋子，以小火煮大約20分鐘，煮到洋蔥柔軟但尚未變焦黃。打開蓋子繼續煮5分鐘，讓多餘的水分蒸發。

4. 另取一個大碗，把酸奶油、法式酸奶油、蛋和中筋麵粉攪拌均勻，並調味。加入煮好的洋蔥攪拌均勻，冷卻備用。

5. 麵團發好後，倒在預先撒了麵粉的工作檯面上，用拳頭輕輕擠出麵團裡的空氣。抹少許油在烤盤上，把麵團擀成和烤盤差不多大小，鋪在烤盤上，並確定邊緣有往上翹起。有必要的話，就用手調整麵團位置。用抹了少許油的保鮮膜蓋住麵團，放在溫暖的地方發酵30分鐘，直到麵團各處都膨脹為止。

6. 烤箱預熱至200˚C，如果麵團在烤盤邊緣膨脹得太厲害，可輕輕把麵皮往下壓。把餡料鋪在餅皮上，撒上切碎的培根。

7. 將烤盤放在烤箱上層烘烤35-40分鐘，烤到呈金褐色。移出烤箱，至少放涼5分鐘後再上桌。冷食或熱食都可以。

保存

蓋好、放冰箱，可保存一夜。

烘焙師小祕訣

這種美味的洋蔥與酸乳酪派看起來像披薩與鹹派的混合體，也的確是以傳統的披薩餅皮製成。在原生地德國以外的地方並不出名，但很值得做做看。傳統上會在葡萄收成時吃這種派。

口袋餅（Pita Bread）

這款口袋餅用來夾沙拉或其他餡料都很好吃，也可以切開、沾醬吃。

可做6個　20-30分鐘　5分鐘　可保存8週

總發酵時間
1小時-1小時50分

材料
1小匙 乾酵母
60公克 高筋全麥麵粉
250公克 高筋白麵粉，另備少許作為手粉
1小匙 鹽
2小匙 小茴香籽
2小匙 橄欖油，另備少許塗刷表面用

1. 在碗中以4大匙溫水溶解酵母，靜置5分鐘後攪拌。

2. 在大碗中混合兩種麵粉、鹽和小茴香籽。

3. 麵粉中間挖一個洞，倒入酵母溶液、190毫升的溫水和油。

4. 混合溼性材料和乾性材料，攪拌成柔軟、黏手的麵團。

5. 把麵團倒在預先撒了麵粉的工作檯面上，揉到非常光滑有彈性為止。

6. 把麵團放在抹了少許油的大碗中，用溼茶巾蓋住。

7. 放在溫暖的地方發酵1-1.5小時，直到麵團膨脹兩倍為止。在兩個烤盤上撒麵粉。

8. 將麵團倒在預先撒了少許麵粉的工作檯面上，壓出裡面的空氣。

9. 將麵團揉成5公分粗的圓柱狀，分切成6份。

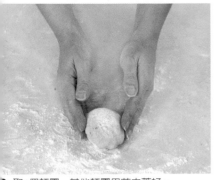

D. 取1個麵團，其他麵團用茶巾蓋好。

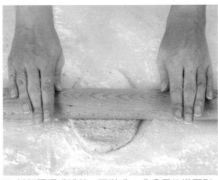

11. 把麵團揉成球狀，再**擀**成18公分長的橢圓形餅皮。

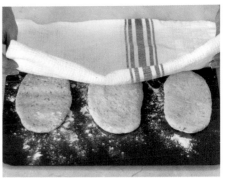

12. 將餅皮移至烤盤上，重複上面兩步驟，把其他餅皮做好。用茶巾蓋住。

13. 放在溫暖的地方發酵20分鐘，並把烤箱預熱至240°C。

14. 將另一個烤盤放進烤箱加熱，熱了之後將一半的口袋餅移到熱烤盤中。

15. 烤5分鐘，然後移到烤架上，表面刷上少許的水。

16. 烤好剩下的口袋餅，移到網架上並刷上水。 **保存** 最好趁熱吃，放在密封容器中則可以保存到第二天。

口袋餅

93

口袋餅的幾種變化

香料羊肉派

中東地區到處都看得到像這樣的點心。

可做12個　40-45分鐘　10-15分鐘

總發酵時間
1-1小時50分

材料
1份口袋餅麵團，見92頁，步驟1-8，省略小茴香籽
2大匙 特級初榨橄欖油
375公克 羊絞肉
海鹽和現磨黑胡椒
3瓣 大顆的大蒜，剁碎
1公分厚的薑一塊，去皮切碎
1顆 洋蔥，切碎
0.5小匙 香菜籽粉
1/4小匙 薑黃粉
1/4小匙 小茴香籽粉
1大撮 卡宴辣椒粉
2顆番茄，去皮、去籽、切碎
5-7枝香菜的葉片，切碎
希臘優格，搭配上菜（可省略）

作法

1. 在炒鍋中熱油，加入羊肉並調味，以中大火拌炒，直到羊肉變成均勻的棕色為止。用漏勺撈到大碗中。轉成中火，倒掉油脂，只保留2大匙油在鍋裡。加入大蒜和薑，炒30秒，放入洋蔥炒軟，再加入香菜籽粉、薑黃粉、小茴香籽粉、卡宴辣椒粉、羊肉和番茄。蓋上蓋子煮約10分鐘，煮到變濃稠。

2. 關火，拌入切碎的香菜，嘗一下味道，看需不需要再調味。放涼後再嘗一次味道：味道應該已經很足，視需要再調整。

3. 把麵團切成兩半，其中一份搓成直徑5公分的長條形，再切成6塊，蓋好。把剩下的麵團都搓好、切好。取一塊小麵團搓成球狀，擀成直徑10公分的圓餅，放一些羊肉在中央，距離邊緣留2.5公分的寬度。摺起麵團、蓋住內餡，做成三角形的麵餃，把邊邊捏緊、封好。把捏好的派放在烤盤上。繼續完成其他的麵團。

4. 用茶巾蓋住捏好的派，放在溫暖的地方發酵20分鐘，烤箱預熱至230°C。烤

10-15分鐘，烤到呈金褐色為止。趁熱上桌，喜歡的話可以搭配希臘優格一起吃。

保存
放在密封容器中可保存到第二天。

事先準備
羊肉餡可以在前一天先做好，加蓋放入冰箱。

香料鷹嘴豆口袋餅

炭烤後很美味，最好是當天就吃完。

可做8個　25分鐘　15分鐘

發酵時間
1小時

材料
1小匙 乾酵母
1.5小匙 小茴香籽，另備少許撒在表面
1.5小匙 香菜籽粉
450公克 高筋白麵粉，另備少許作為手粉
1小匙 鹽
1小把 香菜，大致切碎
200公克 罐頭鷹嘴豆，瀝乾、壓碎
150公克 原味優格
1大匙 特級初榨橄欖油，另備少許塗刷表面用

作法

1. 將酵母撒在300毫升的溫水中，靜置待溶解，攪拌一次。用乾鍋烘烤香菜籽粉和小茴香籽，烘1分鐘。麵粉和鹽一起放在大碗中，拌入香料、新鮮香菜和鷹嘴豆，在中央挖個洞，倒入優格、油和酵母溶液，攪拌成黏黏的麵團。放10分鐘備用。

2. 將麵團倒在預先撒了麵粉的工作檯面上，揉5分鐘，整理球狀。將麵團放在抹了油的大碗中，用抹了油的保鮮膜蓋好，放在溫暖的地方發酵1小時，或直到體積膨脹成2倍為止。

3. 取兩個烤盤、撒上麵粉，烤箱預熱至220˚C。把麵團倒在預先撒了粉的工作檯面上，切成8份。

4. 用擀麵棍把麵團擀成厚約5公釐的橢圓形薄片，放進烤盤中，刷油、撒上小茴香籽，烤15分鐘，或烤到呈金黃色且鼓脹為止。

保存

這種口袋餅可以用密封容器裝起來，放到第二天。

口袋餅脆片

端上這些簡單的自製口袋餅脆片，當成小菜或開胃菜，是洋芋片以外的健康新選擇。

可做8人份　10分鐘　7-8分鐘

材料
6個口袋餅，現成的、或是自己做都可以，見92-93頁
特級初榨橄欖油，塗刷表面用
海鹽，撒在表面用
卡宴辣椒粉，撒在表面用

作法

1. 烤箱預熱至230˚C，把口袋餅上下兩層分開，拆成兩片，兩面都刷上橄欖油，然後撒上海鹽和卡宴辣椒粉。

2. 把6片餅皮疊在一起，切成大的三角形。切好的餅皮就放在大烤盤上，單層單層分開放，不可重疊。

3. 放在烤箱上層烤5分鐘，或直到底部開始轉成棕色。翻面再烤2-3分鐘，烤到棕色且酥脆為止。放在廚房紙巾上冷卻，然後上桌。

保存

這些脆片放在密封容器裡可保存2天。

烘焙師小祕訣

這種簡單的小點心搭配自製沾醬或莎莎醬都非常搭，甚至連辣肉醬（chilli con carne）也可以。這是洋芋片以外的平價選擇，也健康多了！如果想做更營養的口袋餅脆片，可以用全麥口袋餅來烤成脆片。

口袋餅的幾種變化

印度烤餅（Naan Bread）

這種令人熟悉的印度麵餅傳統上是用坦都（tandooer）烤爐烤出來的，不過這道食譜提供的是使用一般烤箱的作法。

可做4個　20分鐘　8分鐘　可保存12週

發酵時間
1小時

材料

500公克 高筋白麵粉，另備少許作為手粉
2小匙 乾酵母
1小匙 砂糖
1小匙 鹽
2小匙 黑種草籽（nigella seeds，又名黑洋蔥籽、黑茴香籽）
100毫升 全脂原味優格
50公克 酥油或奶油，融化

1. 用小鍋加熱酥油或奶油，直到融化為止，靜置備用。

2. 在大碗中混合麵粉、酵母、糖、鹽和黑種草籽。

3. 在麵粉中間挖個洞，加入200毫升溫水、優格和融化的酥油。

4. 用木匙輕輕把麵粉和液體材料拌在一起。

5. 繼續攪拌5分鐘，攪拌到大致成團。

6. 蓋好並放在溫暖的地方，直到體積膨脹成兩倍，約需要1小時。烤箱預熱至240°C。

7. 放兩個烤盤在烤箱中一起加熱。擠出麵團中的空氣。

8. 在預先撒了麵粉的工作檯面上，把麵團揉到光滑為止。切成4等份。

9. 把每個麵團都擀成約24公分長的橢圓形。

10. 把餅移到預先烤熱的烤盤上，送入烤爐內烤
-7分鐘，直到餅鼓起來為止。

11. 把烤盤調到最熱的刻度，把餅從烤爐移到橫
紋烤架上。

12. 兩面各烤30-40秒，烤到呈棕色且起泡。

13. 用烤盤烤的時候，不可太接近熱源，免得燒焦。移到網架上，趁熱上桌。 **也可以嘗試……大蒜香菜印度烤餅** 在步驟2時加入2瓣壓碎的大蒜，
14大匙切得很細的香菜。

印度烤餅的幾種變化

山羊乳酪、辣椒與香料夾心印度烤餅

把質樸的印度烤餅塞滿羊奶乳酪與香草餡料，就會是一道難得的野餐菜色，融合了地中海風味和印度次大陸的特色。

可做6個　15分鐘　6-7分鐘

發酵時間
1小時

材料
500公克 高筋白麵粉，另備少許作為手粉
2小匙 乾酵母
1小匙 砂糖
1小匙 鹽
2小匙 黑種草籽
100毫升 全脂原味優格
50公克 酥油或奶油，融化
150公克 羊奶乳酪（費塔乳酪），壓碎
1大匙 切碎的紅辣椒
3大匙 切碎的薄荷
3大匙 切碎的香菜

作法

1. 在大碗中混合麵粉、酵母、糖、鹽和黑種草籽，中間挖個洞，加入200毫升溫水、優格和酥油。用木匙攪拌、結合材料，繼續攪拌5分鐘，直到形成滑順的麵團為止。蓋好，放在溫暖的地方發酵1小時，直到體積膨脹成兩倍為止。

2. 製作餡料：把乳酪、辣椒與香草混合均勻。烤箱預熱至240°C，並在烤箱裡放兩個烤盤一起烤。

3. 把麵團切成6份，每份都擀成直徑約10公分的圓餅。內餡分成6份，每個餅中央放1份餡料。沿著餡料把餅皮對摺成錢包狀，邊緣捏緊封好。再把麵團翻過來，擀成橢圓形，小心不要把麵團弄破。

4. 把餅放在預先烤熱的烤盤上，放進烤箱裡烤6-7分鐘，或烤到餅皮膨脹。移到網架上，趁熱上桌。

事先準備

這種餅用保鮮膜包好，可以放到第二天。如果要重新加熱（剛做好或從冷凍室中拿出都可以），捏皺一張防油紙，浸在水中，擠掉多餘的水分後，把烤餅包起來。放進中溫火力的烤箱，烤到餅溫熱柔軟。

白沙瓦烤餅

這種包有堅果的甜味白沙瓦（Peshwari）烤餅很受小朋友歡迎，剛出爐時最好吃。可以當作甜點，也可搭配鹹味咖哩。可用蘋果丁取代葡萄乾，並加一點肉桂。

可做6個　15分鐘　6-7分鐘　可保存8週

發酵時間
1小時

特殊器具
裝好刀片的食物處理器

材料
500公克 高筋白麵粉，另備少許作為手粉
2小匙 乾酵母
1小匙 砂糖
1小匙 鹽
2小匙 黑種草籽
100毫升 全脂原味優格
50公克 酥油或奶油，融化

內餡部分
2大匙 葡萄乾
2大匙 無鹽開心果
2大匙 杏仁
2大匙 椰絲
1大匙 砂糖

作法

1. 在大碗中混合麵粉、酵母、糖、鹽和黑種草籽，中間挖個洞，加入200毫升的溫水、優格和酥油。用木匙攪拌5分鐘，直到形成平滑的麵團為止。蓋好、放在溫暖的地方發酵約1小時，或直到體積膨脹成兩倍為止。

2. 製作餡料。將所有材料放在食物處理器中打碎。烤箱預熱至240°C，並在烤箱裡放兩個烤盤一起烤熱。

3. 把麵團分成6份，分別擀成直徑約10公分的圓餅，內餡分成6份，每個麵皮中央放一份。把麵皮沿著餡料摺起來，做成錢包狀，邊緣捏緊封好。

4. 把麵團翻過來，擀成橢圓形，小心不要把麵皮弄破或讓餡料露出來。放在預熱好的烤盤上，烤6-7分鐘或烤到麵皮鼓起。移到網架上，趁熱上桌。

事先準備

這種餅用保鮮膜包好可以放到第二天。如果要重新加熱（剛做好或從冷凍室中拿出皆可），揉皺一張防油紙、浸在水裡，擠掉多餘水分，用紙包住烤餅。放在中溫的烤箱裡烤10分鐘，直到烤餅溫熱柔軟。

烘焙師小祕訣

一旦熟悉烤餅包餡與擀成橢圓形的技巧，可以試著包進餅裡的餡料變化簡直有無數種。這裡包的是堅果、水果乾和椰子絲，也可以包包看香料羊肉餡，搭配薄荷優格醬上桌。

帕拉塔餡餅 (Stuffed Paratha)

這種餡餅簡單好做，做的時候不妨把分量加倍，吃不完的一半用防油紙一張一張間隔著餅，交疊放入冷凍。

可做4個　20分鐘　15-20分鐘　可保存8週

醒麵時間
1小時

材料

麵團部分
300公克 恰巴提麵粉（chapatti flour，一種混合全麥麵粉與大麥麵粉的麵粉）
0.5小匙 細鹽
50公克 無鹽奶油，融化後冷卻

餡料部分
250公克 地瓜，去皮切丁
1大匙 葵花油，另備少許塗刷表面用
0.5顆 紫洋蔥，切碎
2瓣 大蒜，壓碎
1大匙 切碎紅辣椒，或隨喜好酌量
1大匙 切碎的薑
2大匙 堆滿湯匙的碎香菜
0.5小匙 印度綜合香料（garam masala）
海鹽

作法

1. 製作麵團：麵粉和鹽一起過篩。加入奶油和150毫升的水，攪拌成柔軟的麵團。揉5分鐘，然後讓麵團醒一下。蓋好麵團，靜置1小時。

2. 製作內餡。煮或蒸地瓜大約7分鐘，煮軟為止。徹底瀝乾。以中火加熱炒鍋和油，放入紫洋蔥炒3-5分鐘，直至洋蔥軟化但還沒變黃。加入大蒜、辣椒和薑，繼續炒1-2分鐘。

3. 把炒過的洋蔥餡料和地瓜拌在一起，徹底壓碎成泥。應該不必另外加水，因為地瓜本身已經含有水分，且洋蔥餡料裡也含有油。加入香菜末、印度綜合香料，並以足量的鹽調味。攪拌至滑順。靜置冷卻。

4. 麵團醒好後，分割成4塊。每塊先揉過之後，再擀成直徑約10公分的圓餅狀。餅中間放四分之一的餡料，把餅皮對摺做成錢包狀。

5. 捏緊邊緣，封住內餡，把麵團翻過去，擀成直徑約18公分的圓餅狀。小心不要太

用力，如果內餡爆出來，就擦乾淨，重新把麵團捏好封住內餡。

6. 以中火加熱大型鑄鐵煎鍋或煎盤（容量要夠大，放得進帕拉塔餡餅），餡餅下鍋，每面各煎2分鐘，偶爾要翻面，確定兩面各處都有煎熟、煎黃。兩面都各煎一次以後，刷上少許油再各翻面一次。立刻上桌。可搭配咖哩，也可搭青蔬沙拉，當作輕食午餐。

事先準備
帕拉塔餡餅若是用保鮮膜包起來，可以放到第二天。要加熱時（剛做好或從冷凍室中取出皆可），揉皺一張防油紙、浸在水裡，擠掉多餘水分後，包住餡餅一起加熱。放在中溫烤箱中烤10分鐘，直到餡餅溫熱柔軟。

烘焙師小祕訣

這種印度餡餅是用傳統的恰巴提麵粉做的，如果找不到這種特殊麵粉，就用中筋全麥麵粉代替。內餡可以有多種變化，例如可以用沒吃完的蔬菜咖哩。請注意食材都要切成小丁，這樣比較容易包進餅裡。

餅與脆麵包

帕拉塔餡餅

墨西哥薄餅（Tortillas）

這種經典墨西哥薄餅很容易做，而且比外面賣的都好吃。

可做8片 | 10分鐘 | 15-20分鐘 | 可保存8週

醒麵時間

1小時

材料

300公克 中筋麵粉，另備少許作為手粉
略少於1小匙的鹽
0.5小匙 泡打粉
50公克 豬油或白油，冰鎮後切丁，另備
少許塗刷表面用

1. 將麵粉、鹽與泡打粉放在大碗中，加入豬油。

2. 用手捏碎豬油，把豬油細屑與麵粉混合，質地像細緻的麵包粉。

3. 加入150毫升溫水，把麵粉攪拌成粗糙但柔軟的麵團。

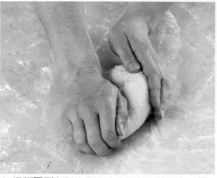

4. 把麵團倒在預先撒了少許麵粉的檯面上，揉幾分鐘直到麵團光滑為止。

5. 把麵團放在抹了油的大碗裡，用保鮮膜蓋好，放在溫暖的地方醒麵1小時。

6. 將麵團倒在預先撒了麵粉的工作檯面上，分成8等份。

7. 拿出一塊麵團，其他用保鮮膜蓋好，避免乾掉。

8. 把每塊麵團都擀成直徑約20-25公分的圓形薄餅。

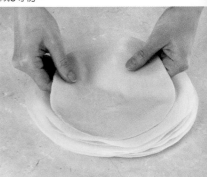

9. 把擀好的薄餅疊起來，餅跟餅之間要用保鮮膜或烘焙紙分隔。

0. 以中火加熱煎鍋，取一片薄餅、乾烙1分鐘。

11. 翻面繼續烙，直到兩面都烙熟，且多處出現烤痕為止。

12. 移到網架上放涼，一邊烙其他薄餅，把薄餅全部烙好。冷吃熱吃皆宜。

墨西哥薄餅

事先準備 完全冷卻的墨西哥薄餅只要用保鮮膜包起來，就可以放到第二天。要加熱剛做好或冷凍的薄餅，只要揉皺一張防油紙、浸水，然後擠掉多餘水分，包住薄餅，放在中溫烤箱裡烤10分鐘。

墨西哥薄餅的幾種變化

墨西哥煎餡餅

墨西哥煎餡餅（Quesadillas）幾乎夾什麼餡都可以：也可夾雞肉、火腿、葛瑞爾乳酪（Gruyère）或蘑菇內餡。

可做各1個　　5-10分鐘　　30-35分鐘

材料

香料番茄牛肉餡
1大匙 特級初榨橄欖油
150公克 牛絞肉
1撮卡宴辣椒粉
海鹽和現磨黑胡椒
1把新鮮的扁葉荷蘭芹，切碎
2顆番茄，切丁
50公克 切達乳酪，磨碎

酪梨蔥花餡
4根青蔥，切成蔥花
1-2根新鮮辣椒，去籽切碎
半顆萊姆的汁
半顆酪梨，去皮、去籽、切片
50公克 切達乳酪，磨碎

餅皮部分
2大匙 植物油
4片 墨西哥薄餅，見102-103頁

作法

1. 牛肉餡部分，在鍋中熱油，以中火炒牛絞肉和卡宴辣椒粉，約5分鐘，或是炒到牛肉不再帶有粉紅色。把火關小，加一點熱水，讓牛肉散開。調味，煮10分鐘，直到牛肉全熟。拌入荷蘭芹。

2. 酪梨餡部分，把青蔥、辣椒和萊姆汁放在碗裡，調味並攪拌均勻，放2分鐘備用。

3. 在不沾鍋中熱一半分量的油，用來煎薄餅。每張餅煎1分鐘，或煎到呈淡金色為止。把牛肉餡舀到餅皮上，撒上番茄和乳酪，蓋上另一張餅皮，用煎魚鍋鏟往下壓，讓兩片餅夾好。鏟起煎餅，小心翻面，再煎約1分鐘或煎到呈金黃色。起鍋，切成兩半或四片，上桌。

4. 鍋中熱剩下的油，用1分鐘煎1片餅皮，或直到餅皮呈金黃色，撒上酪梨，與邊緣保留一點距離，放上蔥花餡料，撒上乳酪，接下來的作法如步驟3。

小朋友的熱墨西哥薄餅三明治

做起來很快、小朋友也愛吃的另類午餐三明治。

2人份　　10分鐘　　8分鐘

材料

4片 墨西哥薄餅，可買現成的，也可參考102-103頁自製
4片 薄火腿
番茄醬、黃芥末醬，或辣椒醬（可省略）
50公克 磨碎的乳酪，如切達乳酪
胡蘿蔔，去皮切碎，搭配上菜用（可省略）
黃瓜，切碎，搭配上菜用（可省略）

作法

1. 工作檯面上放2片墨西哥薄餅。上面各放一片火腿，盡量讓火腿蓋住整片餅皮，需要的話可以稍微撕開、再鋪開。

2. 視小朋友口味偏好，可在火腿片上抹番茄醬、黃芥末或辣椒醬。均勻撒上碎乳酪，蓋上另一片餅皮，做成三明治。

3. 以中火加熱大型鑄鐵煎鍋或煎盤（要大到放得進墨西哥薄餅）。每次煎一個餅，每面煎1分鐘。直到兩面都熟了、且餅皮多處煎出焦痕為止。

4. 把餅像切披薩那樣每個切成8塊，立刻上桌。搭配胡蘿蔔丁和黃瓜丁，就是一頓簡便的午餐。

餅與脆麵包

鮮蝦與酪梨莎莎醬小塔

這種精緻的墨西哥風開胃小點做起來其實很簡單。

可做50個　15分鐘　10-15分鐘

特殊器具
3公分的圓形餅乾切模
附小型簡單花嘴的擠花袋

材料
5片 墨西哥餅，可以買現成的，或參考102-103頁自製
1公升 葵花油，油炸用
2顆 成熟的酪梨
1顆萊姆的汁
塔巴斯科辣醬
4大匙香菜末
4根青蔥，切成蔥花
海鹽和現磨黑胡椒
25隻蝦，煮熟、去殼、去泥腸，縱切成兩半，或是50隻完整的蝦子

作法

1. 從墨西哥薄餅上用切模切出至少100片小圓餅。在鍋中熱油。一次將一小把小餅皮放進熱油中炸成金黃色。不要在鍋子裡擠太多餅皮，不然會炸不酥。用漏勺撈起來，放在廚房紙巾上瀝乾，冷卻備用。

2. 在碗中搗碎酪梨，再加入半顆萊姆的汁、一點塔巴斯科辣醬、3大匙香菜末和蔥花，以鹽和胡椒酌量調味。

3. 上菜前30分鐘，用剩餘的萊姆汁和香菜末醃蝦子。

4. 用擠花袋擠一點酪梨莎莎醬在一片餅皮上，蓋上另一片餅皮，上面再擠酪梨莎莎醬，最後放上一隻或半隻蝦子。如果蝦子太大，就豎著放，讓蝦子立在酪梨莎莎醬上面。

事先準備
炸好的小圓餅用密封容器裝起來，可以保存兩天。

義式麵包棒(Grissini)

傳統上，這種麵包棒應該要拉得跟烘焙師的手臂一樣長——但這裡介紹的改良版好做多了！

可做32根 | 40-45分鐘 | 15-18分鐘

發酵時間
1-1.5小時

材料
2.5小匙乾酵母
425公克 高筋白麵粉，另備少許作為手粉
1大匙 砂糖
2小匙 鹽
2大匙 特級初榨橄欖油
45公克 芝麻

1. 把酵母粉撒在4大匙溫水上。靜置5分鐘，攪拌一次。

2. 把麵粉、糖和鹽放入大碗，加入酵母和250毫升溫水。

3. 油也一起加進麵粉裡，並把麵粉和液體材料攪拌成柔軟、有點黏的麵團。

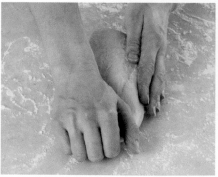

4. 在預先撒了麵粉的工作檯面上揉5-7分鐘，揉到麵團光滑又有彈性。

5. 用溼茶巾蓋住麵團，讓麵團醒5分鐘。

6. 在手上撒麵粉。在預先撒了足量麵粉的工作檯面把麵團拍成長方形。

7. 將麵團擀成40×15公分的長方形，用溼茶巾蓋住。

8. 放在溫暖的地方發酵1-1.5小時，直到體積變成兩倍為止。烤箱預熱至220˚C。

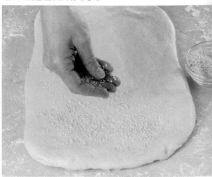

9. 在三個烤盤上撒麵粉。麵團表面刷上水、撒上芝麻。

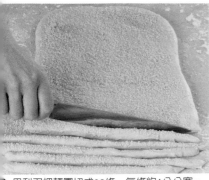

10. 用利刀把麵團切成32條，每條約1公分寬。

11. 把麵團拉到長度烤盤寬度，放在其中一個烤盤上。

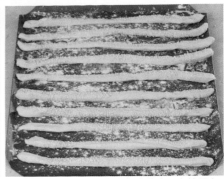

12. 重複這個步驟，把所有麵條拉完，在烤盤上每隔2公分放一條。

13. 烤15-18分鐘，把麵包棒烤得金黃酥脆。移到網架上，徹底放涼。 **保存** 用密封容器裝起來，可保存2天。

義式麵包棒的幾種變化

西班牙皮可小麵包

做這種迷你西班牙麵包棒——皮可（picos），要把長條麵團結成環形，很適合搭配西班牙小菜（tapas）一起上菜。

可做16個　40-45分鐘　18-20分鐘

發酵時間
1-1.5小時

材料
義式麵包棒麵團一半的量，作法見106頁，步驟1-6
1.5大匙海鹽

作法

1. 把麵團擀成20×15公分的長方形。用溼茶巾蓋住，放在溫暖的地方發酵1-1.5小時，直到體積膨脹成兩倍為止。

2. 烤箱預熱至220°C。在兩個烤盤上撒麵粉。把麵團切成16個長條，每一條再切成兩半。取半條麵團，繞個圈，再把兩頭打成單結，放到準備好的烤盤上。所有麵團都用一樣的方式打好結。

3. 在打結的麵團上刷一點水，撒上海鹽，烤18-20分鐘，烤到金黃酥脆。烤好取出放涼。

保存
用密封容器裝起來，可保存2天。

帕馬森乳酪麵包棒

煙燻紅椒粉令這種乳酪麵包棒的味道更有層次。

可做32根　40-45分鐘　10分鐘

發酵時間
1-1.5小時

材料
2.5小匙 乾酵母
425公克 高筋白麵粉，另備少許作為手粉
1大匙 砂糖
2小匙 鹽
1.5小匙 煙燻紅椒粉
2大匙 特級初榨橄欖油
50公克 帕馬森乳酪，磨碎

作法

1. 把酵母粉撒在4大匙溫水上。靜置5分鐘直到酵母溶解，攪拌一次。麵粉、糖、鹽和煙燻紅椒粉都加入大碗中，再倒入油、酵母溶液和250毫升的溫水。

2. 把麵粉拌入液體材料，攪拌成麵團，麵團應該會柔軟而黏手。在工作檯面上撒麵粉，把麵團揉5-7分鐘，揉到平滑、成團為止。以溼茶巾蓋好，靜置5分鐘。在手上撒點麵粉，先在撒過麵粉的工作檯面上把麵團大致拍成四方形，再擀成40×15公分的長方形。用茶巾蓋好，靜置1-1.5小時，直到體積膨脹成兩倍為止。

3. 烤箱預熱至220°C，在三個烤盤上撒麵粉，並在麵團上刷少許的水。撒上帕馬森乳酪，輕輕壓一壓。用利刀把麵團切成32個長條，每條寬1公分。把麵團長度拉到和烤盤寬度一樣長，放在準備好的烤盤上。把剩下的麵團都拉好、放在烤盤上，每條麵團取間隔距離2公分。烤10分鐘，烤到麵包棒金黃酥脆。移到網架上放涼。

保存
最好趁新鮮吃，但放在密封容器裡可以保存2天。

帕馬火腿法式
小點

這種速簡家常開胃菜沾香草美乃滋或香草青醬也很好吃。

可做32根　45分鐘　15-18分鐘

發酵時間
1-1.5小時

材料
1份義式麵包棒麵團，作法見106頁，步驟1-8
3大匙 海鹽
12片 帕馬火腿

作法

1. 烤箱預熱至220˚C，在三個烤盤上撒麵粉。在擀開的麵團上刷一點水，撒上結晶海鹽。

2. 用利刀把麵團切成32條，每條寬1公分。把切割好的麵團拉到和烤盤寬度一樣長，放在烤盤上，每條麵團取間隔距離2公分。烤15-18分鐘，烤到麵包棒金黃酥脆。移到網架上放涼。

3. 把每片帕馬火腿縱切成三長條，上桌之前，在每根麵包棒的一端裹上1/3片火腿。

事先準備
麵包棒可以在前一天先做好，收在密封容器內。上桌前再裹上火腿。

烘焙師小祕訣
自製的義式麵包棒是宴會菜色的美妙點綴。可以在麵團中加入碎橄欖、煙燻紅椒粉或個人偏好的乳酪等食材，嘗試不同的風味和口感。也可什麼都不加，做出健康取向、適合小孩吃的點心。出爐當天吃最美味。

斯蒂爾頓乳酪核桃餅乾

這種鹹口味的乳酪餅乾很適合用來消耗掉耶誕節後常剩下的斯蒂爾頓（Stilton）乳酪和堅果。

可做24個　10分鐘　20分鐘　未烘烤可保存12週

冷藏時間
1小時

特殊器具
5公分圓形餅乾切模

材料
120公克 斯蒂爾頓乳酪，或其他藍紋乳酪
50公克 無鹽奶油，放軟
125公克 中筋麵粉，篩過，另備少許作為手粉

60公克 核桃，切碎
現磨黑胡椒
1個蛋黃

1. 把乳酪和奶油放入大碗，以電動攪拌器攪拌成柔軟的鮮奶油狀。

2. 把麵粉加進去，用指尖揉搓成碎屑狀。

3. 加入核桃和黑胡椒，攪拌均勻。

4. 最後加入蛋黃，揉成有硬度的麵團。

5. 在預先撒了少許麵粉的工作檯面稍微揉一下麵團，結合核桃和麵團。

6. 用保鮮膜包好麵團，在冰箱裡冰一個小時。烤箱預熱至180°C。

7. 把麵團放在預先撒了麵粉的工作檯面上，稍微揉一下，讓麵團軟一點。

8. 將麵團擀成5公釐厚的麵皮，用餅乾切模切出一個個餅乾。

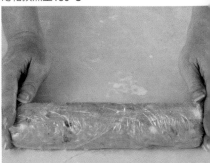

9. 另外一種作法，是把麵團搓成平均直徑5公分的圓柱，然後冷藏。

10. 用利刀小心地把長條麵團分切成5公釐厚的圓餅。

11. 把圓餅放在不沾烤盤上，在烤箱上層烤15分鐘。

12. 翻面再烤5分鐘，烤到兩面都呈金褐色為止。

13. 從烤箱中拿出來，連烤盤一起放涼，再把餅乾移到網架上徹底冷卻。 **保存** 放在密封容器中，可保存5天。

斯蒂爾頓乳酪核桃餅乾

乳酪餅乾的幾種變化

帕馬森乳酪迷迭香薄片

這種鹹味餅乾清爽優雅，無論是當作餐前開胃菜，或在餐後搭配乳酪一起上桌，都一樣美味。

可做 15-20個　　10分鐘　　15分鐘　　未烘烤可保存12週

冷藏時間
1小時

特殊器具
6公分的圓型餅乾切模
裝好刀片的食物處理器（可省略）

材料
60公克 無鹽奶油，放軟、切丁
75公克 中筋麵粉，另備少許作為手粉
60公克 帕馬森乳酪，磨成細粉
現磨黑胡椒
1大匙 切碎的迷迭香、百里香或羅勒

作法

1. 把奶油和麵粉放入大碗或食物處理器中，用指尖搓、或是用食物處理器的瞬轉鍵打成碎屑狀。加入帕馬森乳酪、黑胡椒與香草末，混合均勻，再揉成麵團。

2. 將麵團倒在預先撒了麵粉的工作檯面上，稍微揉一下，讓麵團更結實。用保鮮膜包好，冷藏1小時。

3. 烤箱預熱至180°C。將麵團倒在預先撒了少許麵粉的工作檯面上，再稍微揉一下，讓麵團軟一點。

4. 把麵團擀成2公釐厚的麵皮，用餅乾切模切出一個個餅乾。放在數個不沾烤盤上，再放在烤箱上層烤10分鐘。然後翻面再烤5分鐘，直到稍微上色。

5. 把餅乾從烤箱拿出來，先連烤盤一起靜置5分鐘，再移到網架上，徹底放涼。

保存

用密封容器裝好可保存3天。

乳酪薄餅

這種鹹味餅乾可以大量製作，當成簡單的派對點心。

可做30片　　10分鐘　　15分鐘　　未烘烤可保存8週

冷藏時間
1小時

特殊器具
直徑6公分的圓形餅乾切模
裝好刀片的食物處理器（可省略）

材料
50公克 無鹽奶油，軟化切丁
100公克 中筋麵粉，另備少許作為手粉
150公克 重味切達乳酪（strong cheddar cheese），磨成細粉
0.5 小匙 煙燻紅椒粉或卡宴辣椒粉
1個蛋黃

作法

1. 把奶油和麵粉放在碗中，或食物處理器裡，用手指或以食物處理器的瞬轉功能將麵粉和奶油打成細屑狀。加入乳酪和紅椒粉，徹底拌勻。加入蛋黃，讓材料能結合成團。

2. 把麵團倒在預先撒了麵粉的工作檯面上，稍微揉一下，讓材料結合得更緊密。用保鮮膜包好，冷藏1小時。準備要烤之前，將烤箱預熱至180°C。把麵團倒在預先撒了少許麵粉的工作檯面上，再稍微揉一下，讓麵團軟化。

3. 將麵團擀成2公釐的薄片，用餅乾切模切出一個個餅乾，放在數個不沾烤盤上，放在烤箱上層烤10分鐘。翻面，用鍋鏟稍微壓一下，繼續烤5分鐘，直到兩面都烤成金褐色。

4. 先讓餅乾連烤盤一起冷卻5分鐘左右，再把餅乾移到網架上冷卻。

保存

用密封容器裝起來，可以保存3天。

餅與脆麵包

乳酪麥稈

消耗吃不完的硬質乳酪的好辦法。

可做
15-20根　　10 分鐘　　15 分鐘　　未烘烤可保
存12週

冷藏時間

1小時

特殊器具

裝好刀片的食物處理器（可省略）

材料

75公克 中筋麵粉，過篩，另備少許作為手粉
1小撮鹽
50公克 無鹽奶油，放軟、切丁
30公克 重味切達乳酪（strong cheddar cheese），
刨成細絲
1個蛋黃，另外準備1顆蛋，打散、塗刷表面上色用
1小匙 第戎芥末醬

作法

1. 把奶油、鹽和麵粉放進大碗或食物處理
器裡。用指尖或食物處理器的瞬轉功能把
麵粉和奶油打成碎屑狀。加入切達乳酪，
徹底拌勻。在蛋黃中加入1大匙冷水和芥末
醬，攪拌至融合，然後加入麵粉材料中，
揉壓成麵團。

2. 把麵團移到預先撒了少許麵粉的工作檯
面上，稍微揉一下。用保鮮膜包好，冷藏1
小時。烤箱預熱至200℃。準備烤的時候，
要再稍微揉一下麵團。

3. 將麵團擀成30×15公分的長方形，厚度
為5公釐。用利刀沿長方形的短邊切出一條
條1公分寬的條狀，在這些麵團表面刷上少
許蛋液。固定條狀麵團的一邊，手握另一
頭扭幾圈，做出螺旋。

4. 把長條麵團放在不沾烤盤上，如果覺得
扭好的麵團可能彈回來，就把麵團兩頭按
在烤盤上固定。放在烤箱上層烤15分鐘，
然後連烤盤一起冷卻5分鐘，再移到網架上
徹底冷卻。

保存

放在密封盒內可保存3天。

燕麥餅乾（Oatcakes）

這種蘇格蘭燕麥餅乾很適合搭配乳酪和甜酸醬。如果完全使用燕麥粉（見烘焙師小祕訣），就會是很健康的無麵粉點心。

可做16片　20分鐘　15分鐘　可保存4週

特殊器具
直徑6公分的圓形餅乾切模

材料
100公克 顆粒燕麥粉，另備少許作為手粉
100公克 全麥麵粉，另備少許作為手粉
3/4小匙 鹽
現磨黑胡椒
0.5小匙 小蘇打
2大匙 橄欖油

作法

1. 烤箱預熱至180°C。在大碗中將乾性材料混合均勻。把油和剛燒開的4大匙熱水拌在一起。在麵粉材料中央挖一個洞，倒入液體材料，用湯匙攪拌成濃稠的糊狀。

2. 燕麥粉與全麥麵粉混在一起，撒少許在工作檯面上，把麵糊倒在上面，稍微揉一下，直到形成麵團。輕輕將麵團擀成5公釐厚的麵皮。如果採用全燕麥配方（見烘焙師小祕訣），麵團會更脆弱、易碎。

3. 用餅乾模切出一個個燕麥餅乾，能切多少就切多少，因為擀過第一次之後，就很難再把麵皮揉成團。如果切完第一批餅乾後沒辦法再揉成麵團，就把碎餅皮放回碗中，加一兩滴水，讓麵團再次黏合，再重新擀開、切出餅乾。

4. 將餅乾放在數個不沾烤盤上，放在烤箱上層烤10分鐘，然後翻面再烤5分鐘，烤到兩面都呈金褐色。連烤盤一起移出烤箱、靜置約5分鐘，再把餅乾移到網架上徹底放涼。

保存
放在密封容器中可保存3天。

烘焙師小祕訣
這種傳統蘇格蘭餅乾可以全部用燕麥粉做，也可以用燕麥粉加全麥麵粉。如果只用燕麥粉，就很適合不吃麵粉的人。但這樣做出來的餅乾會較脆弱、易碎，用模子切的時候要很小心。

餅與脆麵包

速發麵包與麵糊
quick breads & batters

蘇打麵包

這種麵包的質地輕盈、類似蛋糕。另外還有一個好處，就是製作時不用揉。是一種不費力氣就能做出的美妙麵包。

可做1個　10-15分鐘　30-40分鐘

材料
無鹽奶油，塗刷表面用
500公克 石磨高筋全麥麵粉，另備少許作
為手粉
1.5小匙 小蘇打
1.5小匙 鹽
500毫升 酪乳，可多準備一些備用

速發麵包與麵糊

1. 烤箱預熱至200°C。在烤盤刷上奶油。

2. 把麵粉、小蘇打和鹽一起篩進大碗。若有麩皮殘留篩上，也要倒回麵粉裡。

3. 攪拌均勻，然後在中間挖個洞。

4. 慢慢把酪乳倒在中央的洞裡。

5. 用手把麵粉和酪乳迅速混合，拌成柔軟、有點黏手的麵團。

6. 不要揉過頭，如果覺得太乾可多加一些酪乳

7. 把麵團倒在預先撒了麵粉的工作檯面上，快速把麵團整成圓形。

8. 把麵團放在烤盤上，用手拍扁成5公分高的圓餅狀。

9. 用非常利的刀或解剖刀在麵團表面劃出1公分深的十字刀痕。

10. 放在預熱好的烤箱中烤35-40分鐘，烤到麵團呈褐色為止。

11. 把麵包翻過來，輕敲底部，聲音聽起來應該是空洞的。

12. 把麵包放在網架上，稍微放涼。

13. 把麵包切片或切塊，趁熱上桌。蘇打麵包做成烤麵包片也非常好吃。 **保存** 用紙包好、放在密封容器內，可以保存2-3天。

蘇打麵包的幾種變化

平底鍋麵包

製作這種蘇打麵包的變化版時，麵團要切成一塊一塊、放在深的煎鍋或平底鍋裡烘烤，加入白麵粉會讓口感比較輕盈。

可做8塊　5-10分鐘　30-40分鐘

特殊器具
有蓋鑄鐵煎鍋

材料
375公克 石磨高筋全麥麵粉
125公克 高筋白麵粉，另備少許作為手粉
1.5小匙 小蘇打
1小匙 鹽
375毫升 酪乳
無鹽奶油，融化，塗刷表面用

作法
1. 把兩種麵粉、小蘇打和鹽都放進大碗，在麵粉中間挖個洞，倒入酪乳。用指尖迅速把麵粉和酪乳攪拌成柔軟的麵團，應該會有點黏手。

2. 把麵團倒在預先撒了少許麵粉的工作檯面上，迅速整成圓餅狀。用雙掌輕拍麵團，做出約5公分高的圓餅狀。用利刀把麵團像切披薩那樣切成8塊。

3. 以中低溫熱度加熱鑄鐵煎鍋。在熱好的鍋子裡刷上融化的奶油。麵團要分兩批下鍋，蓋上蓋子煎烤，要常常翻動。煎烤約15-20分鐘，直到麵團呈金褐色且鼓脹為止。趁熱上桌。

鐵板甜餅

這種甜餅外皮酥脆，中心溼潤。

可作20個　5-10分鐘　10分鐘

特殊器具
鐵板煎盤或大型鑄鐵煎鍋

材料
250公克 石磨高筋全麥麵粉
1.5小匙 小蘇打
1.5小匙 鹽
90公克 燕麥片
3大匙 紅糖
600毫升 酪乳
無鹽奶油，融化、塗刷表面用

作法
1. 把麵粉、小蘇打、鹽都放進大碗中，拌入燕麥片和糖，中間挖個洞。把酪乳倒入洞中，慢慢把乾性材料拌入酪乳，拌成滑順的麵糊。

2. 加熱鐵板或大型鑄鐵煎鍋到中低溫的熱度。在溫熱的煎鍋或鐵板上刷奶油。用小勺子放約2大匙麵糊在熱鍋或鐵板上。重複製作5-6片餅。要煎約5分鐘，直到底部煎成金褐色且酥脆。翻面繼續煎約5分鐘，直到另一面也變色為止。

3. 移到大盤中，蓋好並保溫。繼續把剩下的麵糊煎完，需要的話就在鐵板或煎鍋上多刷一些奶油。趁熱上桌。

美式蘇打麵包

不用多少功夫，就能做出這種經典的
甜麵包，當作下午點心。

可做1個　10-15分鐘　50-55分鐘　可保存8週

材料

400公克 中筋麵粉，另備少許作為手粉
1小匙 細鹽
2小匙 泡打粉
50公克 砂糖
1小匙 葛縷籽（可省略）
50公克 無鹽奶油，冷藏、切丁
100公克 葡萄乾
150毫升 酪乳
1顆蛋

作法

1. 烤箱預熱至180°C。把麵粉、鹽、泡打
粉、砂糖和葛縷籽（可省略）放入大碗中，
加入奶油，並用指尖搓揉成屑狀，加入葡萄
乾，攪拌均勻。

2. 把酪乳和蛋攪打均勻，在麵粉中間挖個
洞，倒入酪乳蛋液，慢慢攪拌，直到統統結
合在一起，最後要用手去把材料揉合成鬆
散、柔軟的麵團。

3. 把麵團放在預先撒了少許麵粉的工作檯
面上，快速揉一下，揉到麵團變平滑。把麵
團整成直徑約15公分的圓形，並在表面用刀
割十字，讓麵包在烘烤中更容易繼續膨脹。

4. 把麵團放在鋪了烘焙紙的烤盤上，在烤
箱中層烤50-55分鐘，烤到麵包膨脹並呈金
褐色。移到網架上，至少放涼10分鐘再上
桌。

保存

這種麵包最好當天就吃掉。但如果用紙包
好，可以保存2天。做成烤麵包片也很好
吃。

速發南瓜麵包

因為使用了磨碎的南瓜，所以這款速發麵包即使放了幾天還是一樣溼潤美味。非常適合配濃湯一起吃。

可做1個　20分鐘　50分鐘　可保存8週

材料

300公克 中筋麵粉，另備少許作為手粉

100公克 全麥自發麵粉

1小匙 小蘇打

0.5小匙 細鹽

120公克 南瓜或奶油南瓜，削皮去籽、刨粗絲

30公克 南瓜子

300毫升 酪乳

1. 烤箱預熱至220°C，在大碗中混合麵粉、小蘇打和鹽。

2. 加入南瓜絲和南瓜籽，攪拌到結塊都散開。

3. 在中央挖一個洞，倒入酪乳，攪拌到形成麵團。

4. 用手把材料按揉成球，然後移到預先撒了麵粉的工作檯面上。

5. 揉2分鐘麵團，直到變成柔軟的麵團為止。可能需要多加一些麵粉。

6. 把麵團整成直徑約15公分的圓餅狀，放在鋪了烘焙紙的烤盤上。

7. 用利刀在麵團表面劃十字刀痕，這樣麵團在烘烤時就會繼續膨脹。

8. 放在烤箱中層烤約30分鐘，烤到麵團膨脹後，調降烤溫至200°C。

9. 繼續烤20分鐘，這時輕敲麵包底部，應該會發出空洞的聲音。

速發麵包與麵糊

122

0. 把麵包移到網架上，放涼至少20分鐘再上桌。　**保存** 如果用紙包好，可以保存3天。可把麵包切塊或切片、搭配湯或燉菜上菜。

蔬食速發麵包的幾種變化

迷迭香
地瓜小麵包

迷迭香柔和的香氣讓這款麵包別
有一番特色。

可做8個　　20分鐘　　20-25分鐘　　可保存8週

材料

300公克 中筋麵粉，另備少許作為手粉
100公克 全麥自發麵粉
1小匙 小蘇打
0.5小匙 細鹽
現磨黑胡椒
140公克 地瓜，去皮刨絲
1小匙 迷迭香細末
280毫升 酪乳

速發麵包與麵糊

作法

1. 烤箱預熱至220°C。在烤盤上鋪烘
焙紙。把中筋麵粉、全麥麵粉、小蘇
打粉、鹽和黑胡椒放入大碗中混合均
勻。刨絲的地瓜再多切幾刀，讓體積
更小。和迷迭香一起加入麵粉材料
中，攪拌均勻。

2. 在乾性材料中央挖一個洞，慢慢把
酪乳拌入麵粉中，攪拌成鬆散的團
塊，再用手按壓成團，倒在預先撒了
麵粉的工作檯面上，再揉2分鐘，揉成
平滑的麵團為止。這個階段可能會需
要多加一點麵粉。

3. 把麵團平均分成8小塊，再塑形成緊
實的圓形。把頂部壓平，並在中央用
利刃劃十字，讓麵包在烘烤時可以繼
續膨脹。

4. 把麵團放在鋪了烘焙紙的烤盤內，
放在烤箱中層烘烤20-25分鐘，烤到麵
團膨脹並呈金褐色為止。移到網架
上，放涼至少10分鐘再上桌。這種麵
包趁熱吃特別美味。

保存

用紙包好可以保存3天。

櫛瓜榛果麵包

榛果為這款作法簡單快速的麵包增添了風味與口感。

可做1個　20分鐘　50分鐘　可保存8週

材料
300公克 中筋麵粉，另備少許作為手粉
100公克 全麥自發麵粉
1小匙 小蘇打
0.5小匙 細鹽
50公克 榛果，大致切碎
150公克 櫛瓜，刨粗絲
280毫升 酪乳

作法
1. 烤箱預熱至220°C。烤盤上鋪烘焙紙。在大碗中混合中筋麵粉、全麥麵粉、小蘇打、鹽和榛果。加入櫛瓜絲攪拌均勻。

2. 在乾性材料中間挖個洞，拌入酪乳，攪拌至形成鬆散的團塊。用手把團塊壓實成球，然後倒在預先撒了麵粉的工作檯面上揉2分鐘，揉成平滑的麵團。這個階段可能會需要多加一點麵粉。

3. 把麵團整成直徑約15公分的圓餅狀，用利刀在麵團表面劃十字，這樣能讓麵團在烘烤時較容易膨脹。

4. 將麵團放在鋪了烘焙紙的烤盤中，放在烤箱中層烘烤30分鐘。將烤溫降至200°C，繼續烤20分鐘，直到麵團均勻膨脹、烤出金褐色。用竹籤插進麵包中央再拔出來，如果是乾淨的，就是烤好了。移到網架上，放涼至少20分鐘後再上桌。

保存
用紙包好可以保存3天。

歐洲防風草與帕馬森乳酪麵包

風味絕佳的組合，最適合在冷冷的冬天搭配一碗熱呼呼的湯一起吃。

可做1個　20分鐘　50分鐘　可保存8週

材料
300公克 中筋麵粉，另備少許作為手粉
100公克 全麥自發麵粉
1小匙 小蘇打
0.5小匙 細鹽
現磨黑胡椒
50公克 帕馬森乳酪，刨成細絲
150公克 歐洲防風草根，刨粗絲
300毫升 酪乳

作法
1. 烤箱預熱至220°C。在烤盤上鋪烘焙紙。在大碗中混合中筋麵粉、全麥麵粉、小蘇打、鹽、黑胡椒和帕馬森乳酪。刨成絲的防風草根再多切幾刀，讓體積變小。加入麵粉中攪拌均勻。

2. 在乾性材料中間挖一個洞，慢慢拌入酪乳，攪拌到形成鬆散的團塊。用手把團塊揉壓成球，然後倒在預先撒了麵粉的工作檯面上，揉2分鐘，直到形成平滑的麵團為止。這個階段可能會需要多加一點麵粉。

3. 將麵團整成直徑約15公分的圓餅，用利刀在表面劃十字，這樣能讓麵團在烘烤時較容易膨脹。

4. 將麵團放在鋪了烘焙紙的烤盤中，放在烤箱中層烤30分鐘，烤出酥脆的外皮。將烤溫降至200°C，繼續烤20分鐘，烤到麵包膨脹、呈金褐色，插入竹籤再拔出來，如果竹籤是乾淨的，那就是烤好了。移到網架上，放涼至少20分鐘再上桌。

保存
用紙包好可保存3天。

玉米麵包

玉米麵包是一種傳統美式麵包，作法快速簡單，是搭配湯品和燉菜的絕配。

8人份　15-20分鐘　20-25分鐘

特殊器具
23公分耐火鑄鐵煎鍋或類似尺寸的圓形
蛋糕活動模

材料
60公克 無鹽奶油或培根油脂，融化後冷
卻，另備少許塗刷表面用
2根 新鮮玉米，玉米粒部分重約200公克
150公克 細黃玉米粉或粗磨玉米粉
125公克 高筋白麵粉
50公克 砂糖
1大匙 泡打粉

1小匙 鹽
2顆 蛋
250毫升 牛奶

1. 烤箱預熱至220°C。把融化的奶油或培根油脂
刷在煎鍋上，放入烤箱一起加熱。

2. 將玉米穗上的玉米粒削下來，並用刀背把玉
米粒裡的果肉也刮出來。

3. 把玉米粉、麵粉、糖、泡打粉和鹽一起篩到
大碗裡，再把玉米粒也加進去。

4. 在另一個大碗中把蛋、融化的奶油或培根油
脂與牛奶一起拌勻。

5. 將步驟4中牛奶溶液的3/4倒進步驟3的玉米和
麵粉中，開始攪拌。

6. 一邊攪拌，一邊加入剩下1/4的牛奶溶液，攪
拌到滑順即可。

7. 小心把煎鍋從烤箱中拿出來，倒入麵糊，應
該會滋滋作響。

8. 在麵糊表面迅速刷上奶油或培根油脂，烤
20-25分鐘。

9. 烤好時，鍋邊的麵糊應該會稍微內縮。插入
竹籤再拔出來，竹籤應該是乾淨的。

玉米麵包

9. 讓麵包在網架上稍微放涼、趁熱上桌，可搭配湯、辣豆醬或炸雞。玉米麵包不宜久放，若有剩，這種麵包很適合用作烤整隻家禽內部的填料。

玉米麵包的幾種變化

烤紅椒玉米馬芬

秉持著美國西部精神，我們要把紅色甜椒烤過、切丁後拌入玉米麵糊。以馬芬模型烘烤，就能讓這種麵包方便帶著走，例如帶去野餐、打包成午餐或在自助宴席中供應。

可做12個　20分鐘　15-20分鐘

特殊器具
12格的馬芬蛋糕烤盤

材料
1個 大顆紅色甜椒
150公克 細黃玉米粉或粗玉米粉
125公克 高筋白麵粉
1大匙 砂糖
1大匙 泡打粉
1小匙 鹽
2顆蛋
60公克 無鹽奶油或培根油脂，融化後冷卻，另備少許塗刷表面用
250毫升 牛奶

作法

1. 將烤架以最高溫加熱。把紅椒放在底下烘烤，並不時轉動，直到表皮出現焦痕、起泡。把紅椒放進塑膠袋，封好袋口、放涼。然後剝掉外皮、去芯。對半切開後，刮掉籽與突起，切成細丁。

2. 烤箱預熱至220℃，在馬芬烤盤刷內上足量的油，放進烤箱一起加熱。把玉米粉、麵粉、糖、泡打粉和鹽一起篩入大碗內，並在中央挖一個洞。

3. 另取一個大碗，將蛋、融化的奶油或培根油脂、牛奶攪拌在一起。然後將其中3/4倒入麵粉材料的洞中攪拌。把乾性材料拌入液體材料，並加入剩下1/4牛奶溶液，攪拌成滑順的麵糊，最後加入紅椒丁。

4. 從烤箱中取出馬芬烤盤，將麵糊分別舀

入模型凹處。烤15-20分鐘，烤到邊緣開始往內縮。把竹籤插入馬芬中再拔出，如果是乾淨的，就是烤好了。將馬芬脫模並冷卻。

事先準備

這款馬芬剛出爐時最好吃，但也可以在前一天先做好，用紙緊緊包住。情況允許的話，上桌前用烤箱低溫加熱即可。

美國南方風味玉米麵包

這款美式玉米麵包做起來很快，傳統上會搭配烤肉、湯或燉菜一起吃。有些正統的美國南方食譜會省略蜂蜜。

8人份　10-15分鐘　25-35分鐘

特殊器具
18公分的圓形蛋糕活動模，或相近尺寸的耐火鑄鐵煎鍋

材料
250公克 細玉米粉或粗磨玉米粉，如果找得到的話，白玉米粉最好
2小匙 泡打粉
0.5小匙 細鹽
2顆較大的蛋
250毫升 酪乳
50公克 無鹽奶油或培根油脂，融化並冷卻。另備少許塗刷表面用
1大匙 蜂蜜（可省略）

作法

1. 烤箱預熱至220℃。在蛋糕模型或煎鍋表面抹油，放入烤箱一起加熱。把玉米粉、泡打粉和鹽放在大碗中混合均勻。另外也把蛋和酪乳攪拌均勻。

2. 在玉米粉材料中央挖個洞，倒入酪乳蛋液，攪拌。再加入融化的奶油或培根油脂以及蜂蜜（可省略），攪拌均勻。

3. 從烤箱中拿出烤熱的蛋糕模型或煎鍋，在裡面倒入麵糊。模型會非常熱，麵糊倒入時應該會滋滋作響，只有這樣才能做出玉米麵包獨特的外皮。

4. 放在烤箱中層烤20-25分鐘，直到麵包膨脹，邊緣也烤成褐色。先放涼5分鐘再脫模，切塊上桌、搭配主餐食用。

事先準備

這種麵包剛出爐時熱熱的最好吃，但也可以在前一天先做好，然後用紙緊緊包起來。上桌前再用烤箱低溫加熱。

也可以嘗試⋯⋯

辣椒香菜玉米麵包

加蜂蜜時，同時加入1根去籽切碎的紅辣椒和4大匙香菜細末。

烘焙師小祕訣

美國南方風味玉米麵包的特殊風味，大多來自麵糊裡加的融化培根油脂。裝在罐內、特別收集來存放的培根脂肪，是美國南方各州廚房裡常見的景象。開始收集一瓶你專用的培根油吧！

速發麵包與麵糊

酪乳比斯吉（Buttermilk Biscuits）

這是在美國南方很受歡迎的食物，他們會當成早餐，在上面抹甜甜的醬，或是搭配香腸和肉汁一起吃。

可做12個　　10分鐘　　15分鐘　　可保存4週

特殊器具
6公分的餅乾切模

材料
250公克 自發麵粉
1小匙 泡打粉
0.5小匙 細鹽
100公克 無鹽奶油，放軟
100毫升 酪乳，另備少許塗刷表面用
1大匙 未結晶蜂蜜

作法

1. 烤箱預熱至200°C，把麵粉和泡打粉篩入大碗，把鹽也加進去。用指尖將奶油和乾性材料搓在一起，搓到變成細屑為止。

2. 在乾性材料中央挖一個洞，倒入酪乳和蜂蜜，攪拌成粗糙的團塊，然後倒在預先撒了少許麵粉的工作檯面上，按壓成平滑的球狀。不要揉過頭，免得比斯吉變硬（見烘焙師小祕訣）。

3. 把麵團擀成2公分厚的片狀，再用餅乾模型切出直徑6公分的圓餅。把剩餘的麵團集中起來，重新擀平、再壓出圓餅，直到用完所有麵團。

4. 把比斯吉放在不沾烤盤上，在表面刷上酪乳，烤好時才會帶有金黃色澤。在烤箱從上往下數第三層烤15分鐘，烤成金褐色且膨脹。移到網架上，放涼5分鐘，再趁溫熱上桌。

保存

這種比斯吉裝在密封容器裡可保存1天，要吃之前再放進烤箱加熱即可。

烘焙師小祕訣

如果揉過頭，酪乳比斯吉就容易變硬、口感變差。為了避免這種狀況，把材料聚集成團的時候動作要輕，一揉成團就要停手。擀成麵皮時動作也要輕，盡可能從第一次的麵皮中多壓幾個比斯吉出來，因為重新擀平的次數愈多，做出來的比斯吉就愈硬。

酪乳比斯吉

美式藍莓鬆餅（American Blueberry Pancakes）

鬆餅半熟時再放藍莓，就能避免汁液流到鍋子上燒焦。

可做30片　10分鐘　15-20分鐘

材料

30公克 無鹽奶油，另備一些用來煎餅並搭配上桌
2個大顆的蛋
200公克 自發麵粉
1小匙 泡打粉
40公克 砂糖
250毫升 牛奶

1小匙 香草精
150公克 藍莓
楓糖漿，搭配上桌

速發麵包與麵糊

1. 在小鍋中融化奶油，冷卻備用。

2. 在小碗中用叉子稍微把蛋打散。

3. 把麵粉、泡打粉篩入大碗。篩網要舉高一些，讓空氣混入麵粉。

4. 把糖和麵粉一起拌勻，鬆餅甜度才會一致。

5. 在容器中，把牛奶、蛋和香草精一起攪拌均勻。

6. 用湯匙在乾性材料中央挖一個洞。

7. 倒一點步驟5拌好的牛奶蛋液到麵粉中，開始攪拌。

8. 一次倒一些，每次都要攪拌到材料完全融合，才繼續加牛奶蛋液。

9. 最後加入融化的奶油，繼續攪拌，直到麵糊滑順且沒有顆粒為止。

10. 在大型不沾煎鍋中，用中火融化一小塊奶油。

11. 舀1大匙麵糊到鍋中，做成圓形的鬆餅。

12. 繼續一匙一匙加入麵糊，鬆餅之間要預留空間，讓鬆餅膨脹。

13. 當鬆餅開始變熟時，在還沒煎的那一面放幾顆藍莓。

14. 當麵糊開始出現小泡泡並破掉、留下小洞時，就可以翻面了。

15. 小心地用鏟刀把鬆餅翻面。

16. 繼續煎1-2分鐘，直到兩面都煎成金褐色且熟透為止。

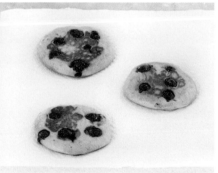

17. 鬆餅起鍋，放在廚房紙巾上稍微吸一下油。

18. 把鬆餅放在盤子上，放進溫熱的烤箱中。

19. 用廚房紙巾把煎鍋擦乾淨，再放上另一小塊奶油。

20. 繼續煎鬆餅。每批鬆餅煎好之後記得都要擦鍋子。鍋子也不能燒得太熱。

21. 從烤箱中拿出鬆餅。堆疊好，趁熱上桌，可搭配奶油和楓糖漿。

美式藍莓鬆餅

美式鬆餅的幾種變化

肉桂鬆餅

利用這種能快速做好的配料，讓吃不完的鬆餅大變身。

可做8個　10分鐘　5分鐘

材料

1小匙 肉桂粉
4大匙 砂糖
8片 沒吃完的美式鬆餅，作法見132-133頁
25公克 無鹽奶油，融化
希臘優格，搭配上桌（可省略）

作法

1. 以最高溫加熱烤架。混合肉桂粉和糖，倒在碟子裡。在冷鬆餅兩面都刷上融化奶油，把兩面都在肉桂糖粉中壓一壓，抖掉多餘的糖。

2. 把鬆餅放在烤盤裡，送進烤架烤到糖冒泡融化。放1分鐘，讓糖凝固，再翻面、烤另一面。可搭配希臘優格，立刻上桌，也可當成下午茶點心直接吃。

速發麵包與麵糊

烘焙師小祕訣

美式鬆餅是很棒的常備美食，而且只要做過幾次，很容易就能把食譜記起來。可當早餐、點心，搭配草莓、巧克力醬或香蕉與優格。也可依喜好搭配美味放縱的配料，或是走健康路線。

滴落司康

會取名叫滴落司康（drop scone），是因為要讓麵糊滴落在煎鍋裡。

可做12個　10分鐘　15分鐘　可保存4週

材料

225公克 中筋麵粉
4小匙 泡打粉
1個大顆的蛋
2小匙 轉化糖漿（又稱為金黃糖漿）
200毫升 牛奶，可以多準備一點
蔬菜油

作法

1. 以中火燒熱鐵板煎盤或大型煎鍋。對摺茶巾，放到烤架上。

2. 將麵粉和泡打粉篩進大碗中，中央挖個洞，加入蛋、轉化糖漿和牛奶。攪拌成滑順的麵糊，質地應該會和濃鮮奶油差不多。如果麵糊太濃，就多加一點牛奶攪拌均勻。

3. 撒少許麵粉在熱鍋上，測試鍋子的熱度，夠熱的話麵粉會慢慢變成褐色，如果燒焦了，就表示鍋子太燙，需要稍微冷卻。等溫度適中時，清掉麵粉，用廚房紙巾沾蔬菜油，抹少許在鍋子上。要戴上隔熱手套保護雙手。

4. 舀1大匙麵糊，讓麵糊從湯匙尖端滴落在鍋子裡，做成漂亮的圓形。重複這個步驟，要留足夠空間讓麵糊擴散、膨脹。

5. 當餅的表面開始出現泡泡時，小心地用鏟刀翻面、煎另外一面，用鏟刀輕壓，確保煎得平均。把煎好的餅放進摺好的茶巾裡，這樣在繼續煎餅的時候就能維持餅的柔軟。

6. 每煎完一批都要小心地幫熱鍋抹油，小心不要燙到。如果煎餅顏色太淡，就稍微調高溫度；如果上色得太快，就把溫度降低一點。最好趁新鮮溫熱時吃掉。

香蕉優格蜂蜜鬆餅塔

把鬆餅疊起來，做成豐盛奢華的早餐。

6人份　10分鐘　15-20分鐘

材料

200公克 自發麵粉
1小匙 泡打粉
40公克 砂糖
250毫升 全脂牛奶
2顆大的蛋，打散
0.5小匙 香草精
30公克 無鹽奶油，融化、冷卻，另備一些用來煎鬆餅
2-3根 香蕉
200公克 希臘優格
未結晶蜂蜜，搭配上桌

作法

1. 把麵粉和泡打粉篩入大碗，再加入糖。另取容器將牛奶、雞蛋和香草精拌勻。在麵粉材料中央挖個洞，每次加入少許牛奶溶液，攪拌均勻後再繼續加。最後加入融化的奶油，直到形成完全滑順的麵糊為止。

2. 在大型不沾煎鍋內融化一小塊奶油。倒幾大匙麵糊在鍋內做成鬆餅，每片之間都要留足夠空間讓餅擴散。鬆餅應該會散成直徑8-10公分的大小。以中火煎鬆餅，當鬆餅表面出現泡泡且泡泡開始破掉時，翻面。再煎1-2分鐘，外表煎成金褐色且熟透即可。

3. 香蕉切成長5公分的斜片。盤中放一片溫熱的鬆餅，上面加一匙希臘優格、幾片香蕉。蓋上另一片鬆餅，並加上優格和蜂蜜。最後蓋上第三片鬆餅。最上面放一匙優格，淋上足量的未結晶蜂蜜。

英式圓煎餅（Crumpets）

適合當早餐，也適合搭配下午茶——烘烤過的英式圓煎餅無論配上甜的或鹹的配料都很美味。

可做8個　10分鐘　20-26分鐘　可保存4週

特殊器具

4個圓煎餅模或10公分的金屬餅乾切模

材料

125公克 中筋麵粉
125公克 高筋白麵粉
0.5小匙 乾酵母
175毫升 微溫的牛奶
0.5小匙 鹽
0.5小匙 小蘇打
蔬菜油，塗刷表面用

作法

1. 把2種麵粉和酵母粉混合在一起，拌入牛奶和175毫升溫水，靜置2小時，或放到泡泡出現、又開始消掉。把鹽和小蘇打撒在2大匙溫水裡，加進麵糊攪拌均勻，靜置約5分鐘備用。

2. 在圓煎餅模或餅乾切模裡抹油，大型煎鍋也抹一點油，把模具放在煎鍋上。

3. 將麵糊倒進方便好倒的容器，以中火加熱煎鍋。把麵糊倒進模型裡，深度約1-2公分。麵糊要煎大約8-10分鐘，直到麵糊完全凝固，或者表面出現小洞為止。如果沒

有出現小洞，那就表示麵糊太乾，剩下的麵糊裡要再多加一點水攪拌均勻。

4. 把模型拿起來、圓煎餅翻面，再煎2-3分鐘，或是煎到煎餅呈金黃色。把剩下的麵糊都煎好，趁熱上桌。若是晚一點才要吃，上桌前再熱過即可。

烘焙師小祕訣

英式圓煎餅上的小洞是這種煎餅的獨家賣點，因為很適合吸附奶油、果醬或柑橘皮果醬。在煎的時候，因為發酵作用而產生泡泡，泡泡爆開就成了小洞。自製的圓煎餅通常不會有那麼多洞，但絕對無損美味或吸收力。

英式圓煎餅

橙香火焰薄餅（Crêpes Suzette）

製作這道最經典的法式甜點時，法式薄餅要在上桌前才淋上白蘭地並點火，保證能為廚藝創造戲劇效果。

6人份　40-50分鐘　45-60分鐘

靜置時間
30分鐘

材料

法式薄餅部分
175公克 中筋麵粉，過篩
1大匙 砂糖
0.5小匙 鹽
4個蛋
375毫升 牛奶，需要的話可多準備一些
90公克 無鹽奶油，融化並冷卻，需要的話可多準備一些

橙香奶油部分
175公克 無鹽奶油，室溫
30公克 糖粉
3顆 大的柳橙，兩顆的皮要磨碎，另一顆用刨刀削皮，再把皮切成細絲
1大匙 柑曼怡橙香甜酒（Grand Marnier）

火焰部分
75毫升 白蘭地
75毫升 柑曼怡橙香甜酒

1. 把麵粉、糖和鹽放入大碗，中間挖個洞，把蛋和一半分量的牛奶加進去。

2. 攪拌，把麵粉拌入液體材料，做成麵糊。加入一半分量的奶油，把麵糊攪拌到滑順。

3. 加入牛奶，讓麵糊質地變得和低脂鮮奶油差不多。蓋好並靜置30分鐘。

4. 製作橙香奶油：以電動攪拌器攪打奶油和糖粉。

5. 用利刀把3顆柳橙的果皮和白色部分削下來。

6. 用刀沿著果瓣與果瓣間的表皮往內切，把肉一瓣一瓣取出備用。

7. 將柳橙皮屑、2大匙果汁和柑曼怡橙香甜酒與步驟4的奶油糖霜加在一起，拌勻。

8. 把橙皮絲放入一鍋沸騰的開水中，用小火煮約2分鐘，瀝乾。

9. 在小平底鍋中加入一點融化的奶油，以中大火加熱。

. 舀2-3大匙的麵糊入鍋，轉動鍋子讓麵糊散
。

11. 煎1分鐘，用鏟刀輕輕鏟起，翻面再煎30-60秒。

12. 重複步驟，一共做12片法式薄餅，如果開始沾鍋才需要再加奶油。

. 在每片薄餅的其中一面抹上橙香奶油，並以
火熱鍋。

14. 每次放一片薄餅，抹奶油那面朝下，煎1分鐘後對摺再對摺，把薄餅摺成扇形。

15. 在熱鍋裡把薄餅排整齊。另外替酒加熱、再倒在薄餅上。

. 往後站一點，把點著的火柴靠近鍋邊。持續
橙香奶油淋在餅上，直到火焰熄滅。

. 把薄餅分裝到溫熱的碟子中，並將鍋中醬汁
在餅上。

18. 以柳橙果肉和橙皮細絲裝飾，上桌。 **事先準備** 可在3天前先做好薄餅部分。以每張餅之間放一張烘焙紙的方式疊起來，再整個包起來冷藏。

法式薄餅的幾種變化

蕎麥薄餅

這是鹹味的法式薄餅，在法國不列塔尼地區很受歡迎，當地料理以口味濃郁、充滿鄉村風而聞名。

4人份　　25分鐘　　25-30分鐘　　未包餡可保存12週

靜置時間
2小時

材料

餅皮部分
75公克 蕎麥麵粉
75公克 中筋麵粉
2個蛋，打散
250毫升 牛奶
葵花油，塗刷表面用

餡料部分
2大匙 葵花油
2顆 紫洋蔥，切絲
200公克 煙燻火腿，切碎
1小匙 百里香葉片
115公克 布利乳酪（Brie），切成小塊
100毫升 法式酸奶油（crème fraîche）

作法

1. 將麵粉篩入大碗中，中間挖個洞，加入雞蛋。用木匙慢慢把蛋和麵粉拌勻，然後加入牛奶和100毫升的水，攪拌成滑順的麵糊。蓋起來靜置2小時。

2. 在小鍋中熱油，準備製作內餡。用小火把洋蔥炒軟，再加入火腿和百里香，之後取出備用。

3. 把烤箱預熱至150˚C。加熱一個大型煎鍋，在鍋內抹少許油。舀2大匙麵糊到鍋裡，並轉動鍋子讓麵糊鋪滿鍋面。大約煎1分鐘或煎到底下稍微變色，就翻面再煎1分鐘，或翻面煎到另一面也變成褐色。再煎7張蕎麥薄餅，需要的話就在鍋裡抹點油。

4. 將布利乳酪與法式酸奶油拌入餡料中，平均分到每張薄餅上。把薄餅捲起來或摺起來，放在烤盤上。送入烤箱烤10分鐘，讓餅熱透，即可上桌。

事先準備

可在幾小時前先做好麵糊，放到準備煎餅的時候。如果麵糊變得太濃稠，可以加點水攪拌均勻。

焗烤菠菜、義式培根與瑞可達乳酪鬆餅

不妨試試用買來的現成鬆餅做一頓可以迅速上桌的晚餐。

4人份　　30分鐘　　35分鐘　　未烘烤可保存12週

特殊器具
25×32公分大小的耐高溫淺盤

材料

麵糊部分
175公克 中筋麵粉
0.5小匙 細鹽
250毫升 全脂牛奶，需要的話可多準備一些
4顆蛋
50公克 無鹽奶油，融化並冷卻，多準備一些來煎餅和塗刷表面

餡料部分
50公克 松子
2小匙 特級初榨橄欖油
1顆 紫洋蔥，切碎
100公克 義式培根（pancetta），切碎
2瓣 大蒜，壓碎
300公克 嫩菠菜，清洗並瀝乾
250公克 瑞可達乳酪
3-4大匙 重乳脂鮮奶油（double cream）
海鹽與現磨黑胡椒

乳酪醬部分
350毫升 重乳脂鮮奶油
60公克 帕馬森乳酪，磨成粉

作法

1. 製作鬆餅：在大碗中將麵粉和鹽混合。另外取一個碗，把牛奶和蛋攪打均勻。在麵粉中央挖一個洞，一次一點慢慢倒入奶蛋混合液，攪拌到完全融合，再加入奶油，攪拌到完全滑順為止。質地應該會像液狀鮮奶油一樣。需要的話可以多加一些牛奶。把麵糊倒進方便倒出的容器，用保鮮膜封好，靜置30分鐘。

2. 製作餡料，把松子放在大型煎鍋上，以中火烘烤幾分鐘，要常常翻動，直到有些地方呈金褐色為止。取出備用。

3. 在鍋中加入橄欖油，洋蔥下鍋炒3分鐘，炒到變軟但沒有炒焦。加入義式培根，用中火繼續炒5分鐘，直到金黃酥脆為止。加入大蒜，再炒1分鐘。把菠菜大把大把加進去，因為菠菜很快就會變軟、縮小，所以一開始縮，就可以關火。

4. 將菠菜餡料倒在濾網上，用湯匙背壓出多餘水分，然後倒進大碗中，加入松子，和瑞可達乳酪與鮮奶油混合均勻。調味後備用。

5. 在大型不沾煎鍋中融化一小塊奶油，開始滋滋作響後，就用餐巾紙擦掉多餘的油。舀一杓麵糊到鍋中，轉動鍋子讓麵糊薄薄地布滿鍋面，每面煎2分鐘，第一面煎成金褐色時就可翻面，煎好的鬆餅取出備用，繼續把剩下的麵糊煎完。有必要就加一小塊奶油。麵糊的分量應該可以煎出10片鬆餅。

6. 烤箱預熱至200°C，把一片煎餅攤開，放2大匙餡料在鬆餅中央，用湯匙背將餡料整理成粗條狀，然後沿著餡料捲起鬆餅。在盤中抹油，把鬆餅一捲一捲排好。

7. 製作醬汁：把重乳脂鮮奶油加熱到快要沸騰，保留少許帕瑪森乳酪備用，其他全部加到鮮奶油裡。攪拌至乳酪融化、煮到沸騰，再轉小火煮幾分鐘，直到醬汁稍微變濃稠。依喜好調味、淋在煎餅上。最後撒上之前留下的乳酪。

8. 放進烤箱上層烤20分鐘，烤到變成金褐色、有些地方開始冒泡泡即可。移出烤箱，立刻上桌。

事先準備

這道菜可以預先做到步驟6結束，密封好後可冷藏2天。上桌前再按步驟7-8做好醬汁、送入烤箱即可。

瑞典式千層蛋糕

務必用最薄的法式薄餅來做這款奢華的甜點——這是絕佳的夏季生日蛋糕，也是小朋友的最愛。

6-8人份　　10分鐘　　15分鐘

材料

6片鬆餅，大約需要一半分量的法式薄餅麵糊，作法見第140-141頁，步驟1-3和10-12
200毫升 重乳脂鮮奶油
250毫升 法式酸奶油
3大匙 砂糖
1/4小匙 香草精
250公克 覆盆子
糖粉，搭配上桌

作法

1. 將重乳脂鮮奶油攪打至硬性發泡，和法式鮮奶油、砂糖及香草精一起攪拌均勻。保留約4大匙，用來裝飾蛋糕。

2. 保留一把覆盆子，其餘的覆盆子則用叉子壓碎，加進鮮奶油材料，稍微攪拌一下，做出波紋效果。

3. 把一片鬆餅放在蛋糕底盤上，抹上五分之一的鮮奶油，再放上第二張鬆餅，繼續堆疊鮮奶油和鬆餅，直到全部用完。

4. 用預留的鮮奶油裝飾表面，鋪上預留的覆盆子、覆盆子再撒上糖粉即可上桌。

烘焙師小祕訣

這種千層蛋糕有非常多種變化。若用的是切碎的草莓或藍莓，做出來的蛋糕也一樣美味。在瑞典常用越橘醬（類似甜的蔓越莓醬）代替新鮮水果。可到北歐熟食店找這種果醬。

史坦福燕麥餅
(Staffordshire Oatcakes)

這種燕麥煎餅搭配甜味或鹹味內餡都很好，可以對折、捲起來或是一片片疊起來料理，然後切塊吃。

可做10片　10分鐘　15分鐘

靜置時間
1-2小時

材料
200公克 燕麥粉
100公克 全麥麵粉

100公克 中筋麵粉
0.5小匙 細鹽
2小匙 乾酵母
300毫升 牛奶
無鹽奶油，煎餅用

餡料部分
250公克 乳酪，可用切達或紅萊斯特乳酪，磨碎
20片 五花培根

作法

1. 讓燕麥粉、全麥麵粉、中筋麵粉和鹽一起過篩。把乾酵母加入400毫升的溫水中，攪拌到完全溶解為止，然後加入牛奶。在乾性材料中央挖個洞，拌入牛奶溶液。

2. 攪拌材料，直到拌成徹底滑順的麵糊為止。蓋好、靜置1-2小時，直到麵糊表面開始冒出小氣泡。

3. 在大的不沾煎鍋裡融化一小塊奶油，等奶油開始滋滋作響時，用廚房紙巾迅速擦掉多餘的油。

4. 舀一杓燕麥麵糊到鍋子中央，然後轉動鍋子，讓麵糊散開。目的是要盡快讓燕麥麵糊展開成薄薄一層、覆蓋整個鍋底。

5. 每面各煎2分鐘，當邊緣熟透、餅被煎出金褐色時即可翻面。把起鍋的燕麥煎餅放在溫暖的地方備用。繼續把所有麵糊煎完。

6. 同時，以最高溫預熱橫紋烤盤，烤五花培根。撒一把磨碎的乳酪在一片燕麥煎餅上。

7. 把燕麥煎餅放在橫紋烤盤上烤1-2分鐘，直到乳酪完全融化。放兩片烤好的五花培根在煎餅其中一側的融化乳酪上，捲起來，上桌。

烘焙師小祕訣
這種傳統燕麥煎餅真的很美味，也比較健康，偶而吃一次，會是很棒的早餐享受。如果想讓早餐更快上桌，可以在前一晚先做好麵糊，蓋起來放進冰箱冷藏到第二天。

速發麵包與麵糊

俄式小鬆餅——貝里尼 (Blinis)

這種以蕎麥為主要材料的煎餅源自俄羅斯,可以當開胃菜,或者做大一點、放上燻魚和法式酸奶油,就能當午餐了。

可做48片貝里尼　20分鐘　15分鐘　可保存8週

靜置時間
2小時

材料
0.5小匙 乾酵母
200毫升 溫牛奶
100公克 酸奶油
100公克 蕎麥麵粉
100公克 高筋白麵粉
0.5小匙 細鹽
2顆蛋,蛋白、蛋黃分開
50公克 無鹽奶油,融化並冷卻,另備少許煎餅用
酸奶油、燻鮭魚、細香蔥和現磨黑胡椒,搭配上桌(可省略)

作法

1. 混合乾酵母和溫牛奶,攪拌到酵母溶解後,拌入酸奶油,靜置備用。

2. 在大碗中把兩種麵粉和鹽混合,中央挖個洞,慢慢拌入牛奶與酸奶油混合液。加入蛋黃並繼續攪拌,最後加奶油,持續攪拌成滑順的麵糊。

3. 用保鮮膜蓋住大碗,在溫暖的地方靜置至少2小時,直到麵糊表面各處出現小氣泡。

4. 在乾淨的大碗裡將蛋白攪打至軟性發泡。把蛋白加進麵糊中,用金屬湯匙或刮刀輕輕拌勻,直到完全混合、麵糊中沒有蛋白團塊為止。把麵糊裝進方便倒出的容器裡。

5. 在大的不沾煎鍋裡熱一小塊奶油,以每次1大匙的量將麵糊倒入煎鍋,做成直徑約6公分的小小貝里尼。以中火煎1-2分鐘,煎到表面出現氣泡。當泡泡開始破掉時,

翻面再煎1分鐘。煎好的貝里尼要放在溫過的盤子裡,用乾淨的茶巾蓋住,再繼續把所有麵糊煎完。如果鍋子在煎的過程中變乾了,就加一點奶油。

6. 煎好貝里尼後盡快趁熱上桌。搭配酸奶油和燻鮭魚、撒上足量黑胡椒,並以細香蔥段裝飾,就是美味的開胃菜。也可以用鋁箔紙包好,放進中溫烤箱烤10分鐘,加熱後再上桌。

事先準備
貝里尼可以在3天前先做好,裝進密封容器、放進冰箱保存。要加熱冷藏或冷凍的貝里尼,可按照步驟6的作法。

烘焙師小祕訣

貝里尼作法簡單,但要做成完美的圓形、小到適合當開胃菜,會有一點難度。記住一定要把麵糊從中心倒下去,形成貝里尼。倒完時如果有麵糊從壺嘴滴落,要用湯匙接住。

櫻桃克拉芙緹（Cherry Clafoutis）

這種法式甜點結合了甜的雞蛋卡士達醬和成熟的水果。要烤到卡士達醬凝固、水果爆裂。

6人份　　12分鐘　　35-45分鐘

靜置時間
30分鐘

特殊器具
25公分的塔模或烤皿

材料
750公克 櫻桃
3大匙 櫻桃白蘭地（Kirsch）
75公克 砂糖
無鹽奶油，塗刷表面用

4顆大的蛋
1根香草莢或1小匙香草精
100公克 中筋麵粉
300毫升 牛奶
1小撮 鹽
糖粉，裝飾用
濃鮮奶油（thick cream）、法式酸奶油或
香草冰淇淋，搭配上桌（可省略）

1. 把櫻桃白蘭地和2大匙砂糖撒在櫻桃上，靜置30分鐘。

2. 烤箱預熱至200°C，在派模內抹上奶油，備用。

3. 把醃漬櫻桃用的櫻桃白蘭地濾到大碗內，櫻桃另外放、備用。

4. 把蛋和香草精（如果使用香草精）加到濾出的櫻桃白蘭地中，徹底攪打到均勻。

5. 用利刀把香草莢縱剖開來（如果使用香草莢）。

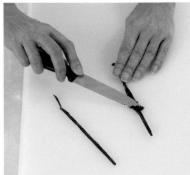

6. 用刀尖沿著兩片香草莢內側刮出香草籽。

7. 把香草籽加進蛋液裡，攪拌均勻，讓香草籽均勻分布。

8. 加進剩餘的砂糖，攪拌到糖完全融化為止。

9. 將麵粉篩入大碗，篩網舉高一些，讓麵粉落下時與空氣混合。

速發麵包與麵糊

10. 把麵粉慢慢拌入蛋液，陸續倒入，每次加麵粉都要攪拌均勻，才能做成滑順的糊狀。

11. 加入牛奶、鹽，攪拌成滑順的麵糊。

12. 把櫻桃擺在模型裡，鋪滿一整層。

13. 慢慢把麵糊倒在櫻桃上面，盡量不要弄亂排好的櫻桃。

14. 烤35-45分鐘，或烤到表面呈褐色、中間摸起來是結實的為止。

15. 放在網架上冷卻，再脫模、撒上糖粉。

16. 趁熱吃，也可以放涼再吃。在克拉芙緹上可以擠足量濃鮮奶油、法式酸奶油，或搭配香草冰淇淋一起吃。

克拉芙緹的幾種變化

蟾蜍在洞

蟾蜍在洞（Toad in the Hole）是鹹味、英國版的克拉芙緹，也是絕佳的療癒食物。

4人份　20分鐘　35-40分鐘

靜置時間
30分鐘

特殊器具
深烤盤或淺烤皿

材料
125公克 中筋麵粉
1撮鹽
2顆蛋
300毫升 牛奶
2大匙 蔬菜油
8條 優質香腸

作法

1. 先製作麵糊。把麵粉和鹽一起放入碗中，中間挖個洞，加入蛋和少許牛奶。攪拌均勻，慢慢拌入麵粉，再加入其餘的牛奶，攪拌成滑順的麵糊。靜置至少30分鐘，備用。

2. 烤箱預熱至220˚C，在烤盤或淺烤皿中熱油，加入香腸，並搖晃熱油中的香腸。烤5-10分鐘，或烤到香腸剛好上色、油脂也很熱。

3. 將烤箱溫度降至200˚C，小心把麵糊倒在香腸周圍，再放回烤箱繼續烤30分鐘，或烤到麵糊膨脹且金黃酥脆為止。立刻上桌。

事先準備

可在24小時前預先做好麵糊，冰起來，要用時再稍微拌勻即可。

杏桃克拉芙緹

這款法式美食可以趁熱享用，也可以吃常溫的。如果買不到新鮮杏桃，罐裝杏桃也一樣美味。

4人份　10分鐘　35分鐘

特殊器具
烤皿

材料
無鹽奶油，塗刷表面用
250公克 新鮮的成熟杏桃，切半去核；或1罐杏桃罐頭，瀝乾
1顆蛋，另外準備1個蛋黃
25公克 中筋麵粉
50公克 砂糖
150毫升 重乳脂鮮奶油
1/4小匙 香草精
濃鮮奶油或法式酸奶油，搭配上桌（可省略）

作法

1. 烤箱預熱至200˚C，在烤皿中抹少許奶油，烤皿應該要大到可以排滿一整層杏桃。將杏桃切面朝下擺在烤皿內，不要排得太密，杏桃之間取一點間距。

2. 在碗中將蛋、蛋黃、麵粉攪拌在一起。加入砂糖，鮮奶油和香草精最後加，徹底攪拌均勻，成為滑順的卡士達醬。

3. 把卡士達醬倒在杏桃周圍，這樣就只會有少數杏桃的頂端露出來。放在烤箱上層烤35分鐘，直到麵糊鼓脹、多處烤成金褐色為止。移出烤箱、放涼至少15分鐘。最好趁熱上桌，可搭配濃鮮奶油或法式酸奶油一起吃。

事先準備

克拉芙緹最好現烤、趁熱吃。不過也可以在6小時之前先做好，以室溫上桌。

速發麵包與麵糊

李子與杏仁糖克拉芙緹

這是一款令人驚豔的變化版克拉芙緹，若改用歐洲李或櫻桃來做也一樣好吃，不過杏仁糖（marzipan）就不是放在果肉凹陷的地方，而是要放在水果之間了。

6人份　30分鐘　50分鐘

特殊器具

淺烤皿

材料

杏仁糖部分

115公克 杏仁粉
60公克 砂糖
60公克 糖粉，另備少許裝飾用
幾滴 杏仁精
0.5小匙 檸檬汁
1個蛋白，稍微打散

克拉芙緹部分

675公克 李子，對半切開、去果核
75公克 奶油
4顆蛋和1個蛋黃
115公克 砂糖
85公克 中筋麵粉，過篩

450毫升 牛奶
150毫升 低脂鮮奶油（single cream）

作法

1. 烤箱預熱至190℃，用足量蛋白加上其他製作杏仁糖的材料，混合成較硬的泥狀。在每片李子的凹陷處放一小塊杏仁泥。

2. 在淺烤皿中抹奶油，這個烤皿應該要大到排得下一整層李子，和15公克奶油。把李子切面朝下排在烤皿內，杏仁泥在底下。融化剩下的奶油並冷卻。

3. 把做杏仁糖時沒用完的蛋白加入雞蛋和蛋黃中，加糖，攪打到蛋液變濃且顏色變白為止。加入融化的奶油、麵粉、牛奶和鮮奶油，拌成麵糊。倒在李子上，放進烤箱烤50分鐘，烤到呈金黃色且剛好凝固。趁熱上桌，撒上糖粉。

事先準備

克拉芙緹最好是現烤、趁熱吃，但也可以在6小時前先做好，以室溫上桌。

烘焙師小祕訣

克拉芙緹基本上就是甜卡士達搭配任一種當季水果去烤。若是要做方便簡單的現成甜點，可以用杏桃罐頭來做這道食譜，但在適合的時令，也可嘗試用櫻桃、黑櫻桃、李子或黑醋栗、紅醋栗、白醋栗等當季水果。

李子克拉芙緹

在李子產季期間，這會是一道令人心滿意足的秋季點心。喜歡的話，可以把櫻桃白蘭地換成李子白蘭地或普通白蘭地。照片見下一頁。

6-8人份　20-25分鐘　30-35分鐘

特殊器具

淺烤皿

材料

無鹽奶油，塗刷表面用
100公克 砂糖，另備少許撒在烤皿內
625公克 小型李子，切半、去果核
45公克 中筋麵粉
1小撮鹽
150毫升 牛奶
75毫升 重乳脂鮮奶油
4顆蛋，另外準備2個蛋黃
3大匙 櫻桃白蘭地
2大匙 糖粉
打發鮮奶油，搭配上桌（可省略）

作法

1. 烤箱預熱至180℃。在烤皿內抹油，撒少許糖，並翻轉烤皿，讓側邊和底部都均勻沾上糖，再把多餘的糖倒出來。李子切面朝上，平均地擺成單層。

2. 把麵粉和鹽篩入大碗，在中央挖個洞，倒入牛奶和鮮奶油，攪拌成滑順的糊狀。再加入蛋、蛋黃和砂糖，拌成均勻滑順的麵糊。

3. 放進烤箱之前再把麵糊舀到李子上，淋上櫻桃白蘭地。烤30-35分鐘，直到麵糊鼓起來並開始轉成棕色。上桌前撒上糖粉。趁熱或室溫食用均可，可搭配打發的鮮奶油一起吃。

事先準備

克拉芙緹最好現烤、趁熱吃，但也可在6小時前先做好，室溫上桌。

甜麵包
sweet breads

國王布里歐榭（Brioche des rois）

這種法式麵包傳統上是在1月6日主顯節那天食用。節日習俗是在麵包裡藏「fève」幸運物，象徵東方三博士所送的禮物。

10-12人份　25分鐘　25-30分鐘　可保存4週

特殊器具
25公分 環形蛋糕模（可省略）
幸運小瓷偶或金屬小飾品（可省略，見159頁的烘焙師小祕訣）

5個蛋 打散
375公克 高筋白麵粉，另備少許作為手粉
1.5小匙 鹽
油，塗刷表面用
175公克 無鹽奶油，切丁並放軟

蜜漬櫻桃和蜜當歸），切碎
25公克 結晶冰糖（可省略）

總發酵時間
4-6小時

材料

布里歐榭部分
2.5小匙 乾酵母
2大匙 砂糖

配料部分
1顆蛋，稍微打散
50公克 綜合糖漬果乾（橙皮、檸檬皮、

1. 將酵母、2大匙溫水和糖攪拌在一起，靜置10分鐘，把蛋加進去。

2. 將麵粉和鹽一起篩入另一個大碗，加入剩下的糖。

3. 在麵粉中間挖個洞，加入酵母蛋液。

4. 用叉子攪拌，然後用手揉成麵團，應該會有一些黏性。

5. 把麵團放在預先撒了少許麵粉的工作檯面上。

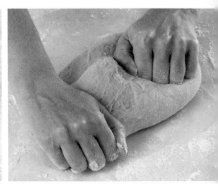

6. 揉10分鐘，揉到麵團變得很有彈性，但依然很黏。

7. 把麵團放在抹了油的大碗中，用保鮮膜封好，放在溫暖的地方發酵2-3小時。

8. 把麵團移到預先撒了少許麵粉的工作檯面上，輕輕壓出麵團中的空氣。

9. 把1/3量的奶油丁分散放在麵團表面。

甜麵包

156

10. 將麵團一側拉起、蓋住奶油，輕輕揉5分鐘。

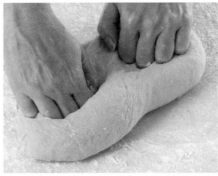

11. 持續加入奶油丁、繼續揉麵，直到所有奶油都被麵團吸收、看不出奶油痕跡為止。

12. 整成圓形，然後塑成環狀。如要放瓷偶，就在此階段埋進去（見159頁烘焙師小祕訣）。

13. 把麵團移到抹了油的烤盤上，或放進抹了油的圈狀蛋糕模裡（若有使用模型）。

14. 如果沒有環形蛋糕模，就在麵團中間的洞裡放一個小烤盅，以維持形狀。

15. 用保鮮膜和茶巾蓋好，靜置發酵2-3小時，直到體積膨脹成兩倍為止。

16. 在麵團表面刷上蛋液，撒上糖漬果乾和結晶冰糖（可省略）。

17. 烤箱預熱至200˚C，烤25-30分鐘，烤到麵包呈金褐色。

18. 稍微放涼，然後移到網架上，小心不要讓表面的配料掉下來。
保存 裝在密封容器中，可保存3天。

國王布里歐榭

布里歐榭的幾種變化

布里歐榭小麵包

這種一口一個的小麵包，法文稱為「brioche à tête」，也就是「僧侶布里歐榭」，原因很明顯，看造型就知道了。

可做10個　45-50分鐘　15-20分鐘　可保存8週

總發酵時間
1.5-2小時

特殊器具
10個直徑7.5公分的布里歐榭模型

材料
奶油，融化，塗刷表面用
1份布里歐榭麵團，見156-157頁，步驟1-11
麵粉，作為手粉
1顆蛋，打散、塗刷表面上色用
0.5小匙 鹽，上色用

作法

1. 在布里歐榭模型內刷上融化的奶油，排放在烤盤上。

2. 把麵團分成兩份，其中一份揉成直徑5公分的圓柱狀，然後切成5塊。剩下的麵團也照同樣方式處理，然後全部整成光滑的小球。

3. 在每個小球上捏出1/4量的一塊麵團，但不要捏斷，這是頭的部分。扶著頭部麵團、把底部放在模型裡，扭一下頭部，往下壓入底座部分。用乾茶巾蓋好，放在溫暖的地方發酵30分鐘。

4. 烤箱預熱至220℃。攪打、混合鹽和蛋，刷在小麵包表面上色。烤15-20分鐘，烤到呈褐色，且敲起來聲音空洞為止。脫模，移到烤架上冷卻。

保存

放在密封容器中可保存3天。

蘭姆巴巴

這種版本的布里歐榭小麵包充滿酒香，吃起來就像蛋糕，最適合晚宴了。

可做　20分鐘　20分鐘
4個巴巴

發酵時間
30分鐘

特殊器具
4個直徑7.5公分的布里歐榭模型或巴巴蛋糕（baba）模

巴巴蛋糕部分
60公克 奶油，融化，另備少許塗刷表面用
150公克 中高筋白麵粉
60公克 葡萄乾
1.5小匙速發乾酵母
155公克 砂糖
1小撮鹽
2顆蛋，稍微打散
4大匙 溫熱的牛奶
蔬菜油，塗刷表面用
3大匙 蘭姆酒
300毫升 打發鮮奶油
2大匙 糖粉
磨碎的巧克力，搭配上桌

作法

1. 在模型內刷上奶油。把麵粉放在大碗中，拌入葡萄乾、酵母、30公克糖和鹽。把蛋和牛奶攪打在一起，加入麵粉裡。拌入奶油，攪打3-4分鐘，然後倒入模型至半滿。

2. 把模型排在烤盤上，用塗了油的保鮮膜蓋好，放在溫暖的地方發酵30分鐘，或直到體積變成兩倍、充滿模型為止。烤箱預熱至200℃，烤10-15分鐘，直到烤出金黃色。放在網架上冷卻。如果要冷凍，可在做完這個步驟之後冷凍。

3. 在鍋中加熱120毫升的水和剩下的糖，迅速煮沸2分鐘。關火、冷卻。加入蘭姆酒拌勻。用竹籤在巴巴蛋糕上戳小洞，然後把蛋糕體在糖漿裡浸一下。

4. 上桌前，把鮮奶油倒進碗裡，加入糖粉，並攪打至發泡。每個巴巴蛋糕上放一小塊鮮奶油，撒上巧克力後上桌。

甜麵包

南提赫布里歐榭

基本的布里歐榭麵團可以烤成環狀、小麵包或長條狀。這款經典的條狀南堤赫布里歐榭（brioche Nanterre）最適合切片，烤成好吃的麵包片。

可做1條　30分鐘　30分鐘　可保存4週

總發酵時間
4-6小時

特殊器具
900公克 無蓋吐司模型

材料
1份布里歐榭麵團，見156-157頁，步驟1-11
1個蛋，打散，塗刷表面上色用

作法

1. 在模型側邊和底部鋪上烘焙紙，底部要鋪雙層。將麵團均分成8小塊，分別整成小球。兩兩成對排在模型內。

2. 以保鮮膜和茶巾蓋好，靜置發酵2-3小時，直到麵團體積再次膨脹成兩倍為止。

3. 將烤箱預熱至200°C，在麵團表面刷上少許蛋液，在烤箱靠上層處烤30分鐘，或烤到麵包底部敲起來聲音空洞即可。烤20分鐘後就要檢查麵包的狀況，如果上色得太快，就用一張烘焙紙鬆鬆蓋在上面。

4. 讓麵包留在模型裡，冷卻幾分鐘後再脫模、移到網架上。這種布里歐榭切片烤過、抹上奶油也非常美味。

保存

放在密封容器裡可以保存3天。

烘焙師小祕訣

布里歐榭源自法國，原本是為了慶祝1月6號的主顯節而製作的。傳統上會在麵團裡藏一個幸運物，找到幸運物的人接下來一年都會很幸運。以前是用乾豆子藏在布里歐榭中，不過近年來較流行用小瓷偶。

159

辮子麵包 (Hefezopf)

這是一種德國的傳統麵包，很像布里歐榭。不過就跟所有甜的酵母麵包一樣，出爐當天吃最美味。

可做1條　20分鐘　25-35分鐘　可保存8週

總發酵時間
4-4.5小時

材料

2小匙 乾酵母
125毫升 溫牛奶
1顆大的蛋
450公克 中筋麵粉，另備少許作為手粉
75公克 砂糖
1/4小匙 細鹽
75公克 無鹽奶油，融化

蔬菜油，塗刷表面用
1個蛋，打散，上色用

甜麵包

1. 以溫牛奶溶解酵母，冷卻，再把蛋加進去打散。

2. 把麵粉、糖和鹽放進大碗，中間挖個洞，倒入牛奶蛋液。

3. 加入融化的奶油，慢慢和麵粉拌在一起，攪拌成柔軟的麵團。

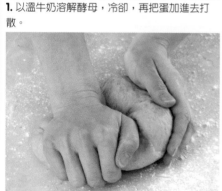

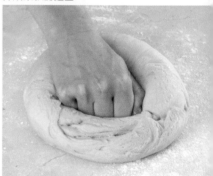

4. 在預先撒了麵粉的工作檯面上揉10分鐘，揉成平滑柔軟且有彈性的麵團。

5. 將麵團放在抹了油的大碗中，蓋上保鮮膜放在溫暖處發酵2-2.5小時，讓體積膨脹成兩倍。

6. 把麵團放在預先撒了麵粉的工作檯面上，輕輕將空氣擠出，再均分成三等份。

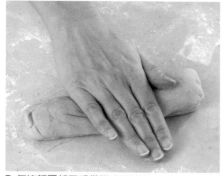

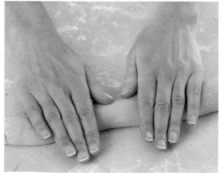

7. 每塊麵團都用手掌搓成圓柱狀。

8. 用雙掌繼續把麵團往外搓成長約30公分的條狀。

9. 把3個長條麵團的一端按在一起，接縫處藏在底下，開始編辮子。

將麵團編成鬆鬆的辮子，要留足夠空間讓麵膨脹。尾端要按緊並藏在麵團底下。

11. 把麵團放在鋪了烘焙紙的烤盤上，用抹了油的保鮮膜和茶巾蓋好。

12. 放在溫暖的地方發酵2小時，這次麵團的體積不會膨脹成兩倍，但烘烤時又會再膨脹一些。

烤箱預熱至190˚C，在麵團表面刷上足量的夜。

烤25-30分鐘，直到烤出金黃色。麵團交錯地方要特別注意有沒有烤熟。

如果麵團還沒完全烤熟，用鋁箔紙蓋住再烤□鐘。從烤箱取出後冷卻15分鐘再上桌。

保存 用保鮮膜包起來可以放2天。 **也可以嘗試…… 黃金葡萄乾與杏仁辮子麵包** 在步驟2加入75公克黃金葡萄乾，並在步驟13撒上2大匙杏仁片。

香料、山胡桃與葡萄乾辮子麵包

堅果和香料讓這款麵包在烘烤過後味道更棒。

可做1條　30分鐘　25-35分鐘　可保存8週

總發酵時間

4-4.5小時

材料

3「段」辮子麵包麵團，各約30公分長，作法見160頁，步驟1-8
50公克 葡萄乾
50公克 山胡桃，大致切碎
3大匙 顏色較淡的鬆軟紅糖
2小匙 綜合香料

作法

1. 把每段麵團都揉成30×8公分的尺寸。不必非常精確，但每塊形狀、大小應該要差不多。

2. 把葡萄乾、山胡桃、糖和綜合香料混合均勻，之後在每條麵團上各撒1/3的量，以雙掌用力向下壓，再沿著麵團長邊捲起來，捲得愈緊愈好。這樣應該能做出三條30公分長、塞滿葡萄乾和和堅果的「麵繩」。

3. 把三條麵團的一端按在一起，並把接縫處藏在麵團底下，然後鬆鬆地綁成辮子，要留空間讓麵團膨脹，最後把辮子末端壓緊，一樣藏在麵團底下。

4. 把麵團移到鋪了烘焙紙的烤盤上，用抹了少許油的保鮮膜和茶巾蓋住，放在溫暖的地方繼續發酵2小時。麵團會膨脹，但不會膨脹成兩倍。烤箱預熱至190˚C。

5. 在麵團上刷蛋液，接縫處也要刷到。放在預熱好的烤箱裡烤25-30分鐘，烤到麵團膨脹並變成金褐色。如果麵團接縫處烤得不夠熟，但顏色已經夠深，就用鋁箔紙鬆鬆蓋住麵團，繼續烤5分鐘。麵包出爐後，先在網架上放涼，至少15分鐘後再上桌。

保存

最好出爐當天現吃，不過若是用保鮮膜包好，則可以保存2天。

烘焙師小祕訣

辮子麵包是一種甜的酵母麵包，德國各地傳統上會在復活節做辮子麵包。辮子麵包的配方和布里歐榭很像，可以烤成原味無餡料的、也可加入各種水果乾和堅果。不妨用這個配方來嘗試自己喜歡的組合。

哈拉麵包（猶太辮子麵包）

這種傳統猶太麵包（Challah）是為假日和安息日而烤的。

可做1條　45-55分鐘　35-40分鐘　可保存8週

發酵時間

1小時45分鐘-2小時15分鐘

材料

2.5小匙 乾酵母
4大匙 蔬菜油，另備少許塗刷表面用
4大匙 糖
2顆蛋，另外準備1個蛋黃，上色用
2小匙 鹽
550公克 高筋白麵粉，另備少許作為手粉
1小匙 罌粟籽，撒在表面用（可省略）

作法

1. 在鍋內放250毫升水，煮到剛好沸騰，就把其中4大匙舀到碗中，把水放涼到微溫。將酵母撒在碗中的微溫水中，攪拌一次、靜置5分鐘，直到酵母溶解為止。把油和糖加入鍋中剩下的水裡，加熱到溶化之後，放涼到微溫。

2. 在大碗中把蛋打散，加入放涼、微溫的糖水、鹽和溶化的酵母。拌入一半的麵粉並攪拌均勻，再慢慢加入剩下的麵粉，直到麵團可以結成球狀。麵團應該會柔軟又有點黏性。

3. 把麵團移到預先撒了麵粉的工作檯面上，揉5-7分鐘，直到麵團非常平滑又有彈性為止。在大碗中抹油，把麵團放入碗中，稍微滾動一下。用溼茶巾蓋住，放在溫暖的地方發酵1-1.5小時，直到體積膨脹成兩倍為止。

4. 在烤盤上稍微刷點油。把麵團移到預先撒了少許麵粉的工作檯面上，擠出麵團裡的空氣。將麵團平均分成4塊，在工作檯面上撒麵粉，用雙手把麵團分別搓成63公分的長條。

5. 將麵團併排排好，從左邊開始，拿起最左邊的麵團，越過左邊第二條，然後拿起

第三條麵團，越過第四條麵團。然後拿起第四條麵團，往左拉到第一股和第二股中間。編好辮子之後，把末端捏在一起，然後藏在麵團底下。

6. 把麵團移到準備好的烤盤上，用乾茶巾蓋好，放在溫暖的地方發酵45分鐘，直到體積膨脹成兩倍為止。烤箱預熱至190°C。在蛋黃中加1大匙水，攪打到呈泡沫狀，再刷在麵團表面上色。喜歡的話可以撒上罌粟籽。

7. 在烤箱內烤35-40分鐘，烤出金黃色、且輕敲麵包底部會發出空洞聲即可。

保存

哈拉麵包最好是出爐當天吃完，但若是以保鮮膜包起來，可以保存2天。

牛奶麵包（Pane al latte）

這種柔軟、微甜的義大利牛奶麵包很適合小小孩，不過它也是很受大人歡迎的早餐和下午茶甜點！

可做1條　30分鐘　20分鐘

總發酵時間
2.5-3小時

材料
500公克 中筋麵粉，另備少許作為手粉
1小匙 鹽
2大匙 砂糖
2小匙 乾酵母
200毫升 溫牛奶
2顆蛋，另外準備1顆蛋，打散、上色用
50公克 無鹽奶油，融化
蔬菜油，塗刷表面用

作法

1. 把麵粉、鹽、糖放入大碗中，攪拌均勻。用牛奶溶解酵母，並攪拌加快溶解速度。等液體冷卻，就可以加入雞蛋並攪打均勻。

2. 慢慢將牛奶溶液加入麵粉中，然後再加奶油，攪拌成柔軟的麵團。在預先撒了麵粉的工作檯面上，大約揉10分鐘麵團，揉到光滑有彈性為止。

3. 將麵團放在抹了少許油的大碗中，用保鮮膜鬆鬆蓋住，放在溫暖的地方發酵最多2小時，直到體積膨脹成兩倍為止。將麵團移到預先撒了少許麵粉的工作檯面上，輕輕擠出麵團裡的空氣。把麵團分成體積大致相等的5塊，最好能讓其中2塊比另外3塊稍微大一點。

4. 每塊麵團都稍微揉一揉，再搓成胖胖的長條狀。3條較小的要搓成約20公分長；2個較大的則要搓成約25公分長。將3條較小的麵團放在鋪了烘焙紙的烤盤上併排擺好，較大的則擺在兩側，沿著邊緣「圈住」中間3條。兩條大麵團的接縫處要黏緊，以免麵團散掉。

5. 用抹了少許油的保鮮膜和乾淨的茶巾鬆鬆蓋住，放在溫暖的地方發酵約30-60分鐘，直到體積幾乎變成兩倍為止。烤箱預熱至190°C。

6. 用少許打散的蛋液塗刷表面，烤20分鐘，直到烤出金褐色。移出烤箱，冷卻至少10分鐘後再上桌。

保存

出爐後最好趁熱吃，不過也可以包起來放到第二天，烤過之後再上桌。

烘焙師小祕訣

因為用了蛋、牛奶和糖，這款非常柔軟的義大利麵包有香甜、柔和的風味和絲絨般的細緻質地。再次烤過也一樣好吃，但最好還是趁剛出爐時熱熱上桌，搭配足量的冰涼無鹽奶油和自製草莓果醬。這款麵包特別受小朋友喜愛。

甜麵包

耶誕水果麵包——潘妮朵妮（Panettone）

義大利全國各地會在耶誕節吃這種甜麵包。做起來其實沒有想像中的困難，而且成品非常美味。

8人份　30分鐘　40-45分鐘　可保存4週

總發酵時間
4小時

特殊器具
15公分 圓形彈性邊框活動蛋糕模或是高的潘妮朵妮麵包模型

材料
2 小匙乾酵母
125毫升牛奶，用鍋子加熱後，冷卻至微溫。
50公克 砂糖

425公克 高筋白麵粉，另備少許作為手粉
1大撮鹽
75公克 無鹽奶油，融化
2顆大的蛋，另外準備1顆較小的蛋，打散、上色用
1.5小匙 香草精
175公克 綜合水果乾（杏桃、蔓越莓、葡萄乾、綜合柑橘皮）
1顆柳橙的皮屑

蔬菜油，塗刷表面用
糖粉，裝飾表面用

1. 把酵母和溫牛奶一起放入容器中。在另一個大碗內加入糖、麵粉和鹽，混合均勻。

2. 加了酵母的牛奶一旦起很多泡（約5分鐘），就把奶油、兩大顆蛋和香草精一起加入、攪散。

3. 把液體材料和乾性材料混合在一起，攪拌成柔軟的麵團，應該會比麵包的麵團更黏。

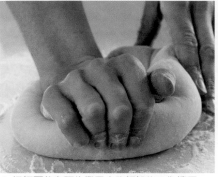

4. 把麵團放在預先撒了少許麵粉的工作檯面上，大約揉10分鐘，直到麵團很有彈性為止。

5. 將麵團整成鬆鬆的球狀，放在預先撒了麵粉的工作檯面上展開、拉大。

6. 把水果乾和柳橙皮屑都撒在麵團上，然後繼續揉，揉到麵團和水果乾均勻結合。

7. 把麵團整成鬆散的球狀，放在抹了少許油的大碗中。

8. 把大碗用乾淨的溼茶巾蓋住，或直接用一個大塑膠袋包住整個碗。

9. 把麵團放在溫暖的地方發酵，最多2小時，到體積膨脹成兩倍為止。

甜麵包

．內在模型內鋪上雙層烘焙紙，或是單層的矽烘焙紙。

11. 如果使用蛋糕模，要用烘焙紙做出比模型邊框高出5-10公分的圈狀。

12. 用拳頭擠出麵團裡的空氣，再把麵團放在預先撒了少許麵粉的工作檯面上。

．把麵團揉成大小剛好放得進模型的球狀。

14. 把麵團放入模型中、蓋好，靜置發酵2小時，直到體積膨脹成兩倍為止。

15. 將烤箱預熱至190°C。在麵團表面刷上蛋液。

．放在烤箱中層，大約烤40-45分鐘。如果上得太快，就用鋁箔紙蓋住麵團。

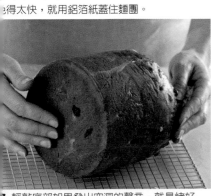

．輕敲底部如果發出空洞的聲音，就是烤好了。冷卻5分鐘再脫模。

18. 拆掉烘焙紙，在網架上徹底放涼，最後撒上糖粉，即可上桌。 **保存** 潘妮朵妮放在密封容器中可保存2天。

潘妮朵妮的幾種變化

巧克力與榛果潘妮朵妮

這種麵包是由經典潘妮朵妮變化而來，絕對可以征服小朋友。如果沒吃完，也可以做成超美味的麵包奶油布丁（食譜請見下一道）。

8人份　30分鐘　45-50分鐘　可保存4週

總發酵時間
3小時

特殊器具
15公分 圓形彈性邊框活動蛋糕模，或高的潘妮朵妮麵包模型

材料
2小匙 乾酵母
125毫升 牛奶，用鍋子加熱，然後冷卻至微溫
50公克 砂糖
425公克 高筋白麵粉，另備少許作為手粉
1大撮鹽
75公克 無鹽奶油，融化
2顆大的蛋，另準備1顆比較小的蛋，打散、上色用
1小匙 香草精
75公克 榛果，大致切碎
1棵柳橙的皮屑
蔬菜油，塗刷表面用
100公克 黑巧克力塊，切碎
糖粉，裝飾表面用

作法

1. 把溫牛奶和酵母倒在容器中，攪拌一次，靜置5分鐘，直到起泡為止。把糖、麵粉和鹽放入攪拌缽。把奶油、兩顆大顆的蛋和香草精都加進牛奶酵母溶液中，徹底攪拌均勻。

2. 把牛奶溶液拌入乾性材料中，攪拌成柔軟的麵團。揉10分鐘，直到麵團光滑有彈性為止。

3. 在預先撒了麵粉的工作檯面上把麵團壓平、拉開，撒上榛果和柳橙皮屑，再揉到配料和麵團均勻結合。把麵團大致整成球狀，放在抹了少許油的大碗中。

4. 用溼茶巾蓋住大碗，放在溫暖的地方發酵2小時，直到體積膨脹成兩倍為止。同時，在模型內鋪一層矽膠烘焙紙、或是雙層的普通烘焙紙，如果用的是蛋糕模，烘焙紙要比模型邊緣高出5-10公分。

5. 當麵團體積膨脹成兩倍時，把空氣擠出來，再度把麵團拉平，把巧克力撒在上面，重新揉麵團、結合麵團和巧克力，再整成球形。把麵團放入模型中、蓋好，讓麵團繼續發酵2小時，放到體積膨脹成兩倍為止。

6. 烤箱預熱至190˚C，在麵團表面刷上打散的蛋液，放在烤箱中層烤45-50分鐘。如果上色太快，就在上面蓋一張鋁箔紙。

7. 先讓麵包在模型中冷卻幾分鐘，之後再脫模、放在網架上徹底冷卻。烤好時輕敲底部，應該會發出空洞的聲音。撒上糖粉即可上桌。

保存

潘妮朵妮放在密封容器中可保存2天。

潘妮朵妮麵包奶油布丁

吃不完的潘妮朵妮可以變化成這道快速好做的點心。烘烤前可嘗試帶入不同的風味，例如柳橙皮屑、巧克力或櫻桃乾。

4-6人份　10分鐘　30-40分鐘

材料
50公克 無鹽奶油，融化
250公克 潘妮朵妮
350毫升 低脂鮮奶油，或175毫升重乳脂鮮奶油加175毫升牛奶
2顆大的蛋
50公克 砂糖
1小匙 香草精

作法

1. 烤箱預熱至180˚C，用少許軟化的奶油塗抹中等大小的淺烤皿。

2. 把潘妮朵妮切成1公分厚的片狀。在每塊麵包上都刷一點奶油，然後讓麵包稍微重疊、排在烤皿中，把低脂鮮奶油（或重乳脂鮮奶油加牛奶）、雞蛋、糖和香草精攪打均勻。把蛋奶混合液淋在潘妮朵妮上，並輕輕把麵包往下壓，確保麵包都浸在奶蛋液中。

3. 放在烤箱中層烤30-40分鐘，烤到凝固、呈金褐色並膨脹。搭配濃鮮奶油，趁熱上桌。

事先準備

潘妮朵妮麵包奶油布丁烤好之後，可放進冰箱冷藏3天。上桌前熱透即可。

也可以嘗試……

節慶潘妮朵妮布丁

可在原味潘妮朵妮上抹一點高品質橙皮果醬，另外在鮮奶油裡加1-2大匙威士忌，讓風味變得更濃郁。再撒一點橙皮屑和荳蔻粉，就會是節慶版的布丁。

甜麵包

潘妮朵妮小夾心

準備耶誕大餐時，可以試試這一種另類點心。

6人份　　1小時　　30-35分鐘

總發酵與冷藏時間
3小時發酵；3小時冷藏

特殊器具
6個220公克的食品空罐頭，洗乾淨
裝好刀片的食物處理器

材料
奶油，塗模型用
1份潘妮朵妮麵團，見166頁，步驟1-9
300公克 馬斯卡彭乳酪（mascarpone cheese）
300公克 法式酸奶油
2大匙 櫻桃白蘭地或其他水果利口酒（可省略）
12顆 蜜漬櫻桃，切成四瓣
50公克 原味開心果，去殼、大致切碎
3大匙 糖粉，另備少許裝飾表面用

作法

1. 在空罐內抹奶油，並鋪上烘焙紙。烘焙紙的高度必須是罐頭高度的兩倍。

2. 把麵團分切成6份，每個罐頭裡放一塊。蓋好，讓麵團發酵1小時，或直到體積膨脹成兩倍為止。將烤箱預熱至190°C。

3. 烤30-35分鐘，潘妮朵妮應該會烤出金褐色。取其中一個脫模，敲敲底部，聲音應該是空洞的。如果不是，就把所有的潘妮朵妮從罐頭裡拿出來，放在烤盤上再烤5分鐘。烤好後放在網架上冷卻。

4. 側著放潘妮朵妮，用利刀從底部中央慢慢鋸出一個圓形，與邊緣距離1公分。要留下鋸下來的那片圓形底部。

5. 用刀沿著圓形開口慢慢往內切出圓柱狀，要盡量挖到靠近頂端處，用手小心把裡面的麵包挖出來。

6. 挖出來的潘妮朵妮碎片要用食物處理器打成細緻的碎屑。在大碗裡把馬斯卡彭乳酪和法式酸奶油、利口酒（如果有使用）混合在一起。加入潘妮朵妮碎屑，徹底攪拌均勻。

7. 加入櫻桃、開心果和糖粉，攪拌均勻。將餡料平均填入中空的潘妮朵妮內，以湯匙背面壓實，最後用留下的圓形底部蓋好。

8. 包起來，放進冰箱冷藏至少3小時。拆開之後撒上糖粉，即可上桌。

事先準備
這種潘妮朵妮放在冰箱裡可以冰到第二天。

烘焙師小祕訣
潘妮朵妮是一種義式甜麵包，傳統上是為耶誕節而烤的。儘管製作過程有點耗時，但大部分的時間都是在讓麵包兩次發酵，作法本身並不複雜，還能賦予成品一種神奇的輕盈口感，跟外面買的潘妮朵妮很不一樣。

威爾斯水果麵包（Bara Brith）

這種來自威爾斯的甜味「斑點麵包」，出爐當天吃最美味，最理想是趁熱抹上奶油享用。

可做2條　40分鐘　25-40分鐘　可保存8週

總發酵時間
3-4小時

特殊器具
2 個900公克的無蓋吐司模型（可省略）

材料
2小匙 乾酵母
250毫升 溫牛奶

60公克 砂糖，另備2大匙撒在表面用
1顆蛋，打散
500公克 高筋白麵粉，另備少許作為手粉
1小匙 鹽
60公克 無鹽奶油，軟化、切丁
1小匙 綜合香料
油，塗抹模型用
225公克 綜合水果乾（葡萄乾、金黃葡萄乾和綜合果皮）

作法

1. 把酵母和1小匙糖加在牛奶裡拌勻，放在溫暖的地方10分鐘，直到溶液起泡後，加入大部分的蛋液，但保留少許稍後用來上色。

2. 把麵粉、鹽和奶油搓在一起，直到搓成細緻的碎屑。拌入綜合香料和剩下的糖，在乾性材料中央挖一個洞，倒入奶蛋混合液，用手揉成有黏性的麵團。

3. 把麵團放在預先撒了少許麵粉的工作檯面上揉10分鐘，揉到麵團柔軟且有彈性，但依然具有黏性。如果還結不成球形，就一次加一大匙麵粉，繼續揉。將麵團放在抹了少許油的大碗中，用保鮮膜蓋好。放在溫暖的地方發酵1.5-2小時，直到體積膨脹成兩倍為止。

4. 把麵團放在預先撒了少許麵粉的工作檯面上，用拳頭擠出空氣，輕輕延展成厚約2公分的麵團。撒上水果乾，然後把麵團的邊緣往中間拉，再次整成球形。

5. 麵團可以整成自己喜歡的形狀、放在抹了油的烤盤中，或是切成兩塊，放進抹了油的吐司模型內——依個人喜好選擇。用

抹了油的保鮮膜或乾淨的茶巾蓋住，放在溫暖的地方再次發酵1.5-2小時，直到體積再度膨脹成兩倍為止。

6. 同時，烤箱預熱至190˚C。為麵團刷上蛋液，撒上1大匙糖。如果選擇放在吐司模型裡，就要烤25-30分鐘；不使用模型、放在烤盤上的整份麵團，則要烤35-40分鐘。如果麵包上色太快，烤到一半時可以用鋁箔或烘焙紙蓋住麵團。

7. 當麵包烤出金褐色、摸起來很結實、輕敲底部會發出空洞聲音時，就是烤好了。放涼20分鐘後再切開，因為麵包移出烤箱後，還會繼續變熟。太早切開的話，蒸氣會跑掉，麵包也會變硬。

保存

放在密封容器裡可以保存2天（見烘焙師小祕訣）。

烘焙師小祕訣

一次烤兩條、把其中一條冷凍起來保存，是很明智的選擇，畢竟每次發酵都要用很長的時間。沒有吃完的麵包過幾天都還可以再烤來吃，或是切片做成麵包奶油布丁（見第168頁）。

威爾斯水果麵包

肉桂捲

如果你喜歡的話，可以（在步驟15之後）讓肉桂捲在冰箱裡發酵一夜，第二天一早再烤成一頓豐盛的早餐。

可做 10-12個	40分鐘	25-30分鐘	可保存4週

總發酵時間
3-4小時或隔夜

特殊器具
30公分的圓形彈性邊框活動蛋糕模

材料
125毫升牛奶
100公克 無鹽奶油，另備少許塗抹模型用
2小匙 乾酵母
50公克 砂糖

550公克 中筋麵粉，過篩，另備少許作為手粉
1小匙 鹽
1顆蛋，另外準備2個蛋黃
蔬菜油，塗刷表面用

餡料和上色部分
3大匙肉桂粉
100公克 顏色較淡的鬆軟紅糖

25公克 無鹽奶油，融化
1顆蛋，稍微打散
4大匙 砂糖

1. 在鍋內加熱125毫升的水、牛奶和奶油，奶油剛好融化時即冷卻備用。

2. 當牛奶混合液的溫度降至微溫時，加入酵母和1大匙糖。蓋上蓋子靜置10分鐘。

3. 把麵粉、鹽和剩下的糖放在大碗中。

4. 在乾性材料中央挖一個洞，倒入牛奶混合液。

5. 把蛋和蛋黃打散，加入麵粉中，揉成粗糙的麵團。

6. 麵團放在預先撒了麵粉的工作檯面上，揉10分鐘，如果太黏就加一點麵粉。

7. 放在抹了油的大碗中，用保鮮膜蓋好，放在溫暖的地方發酵2小時，直到均勻膨脹為止。

8. 製作餡料：把2大匙肉桂粉和紅糖混合均勻。

9. 麵團發好之後，倒在預先撒了麵粉的工作檯面上，輕輕擠出麵團內的空氣。

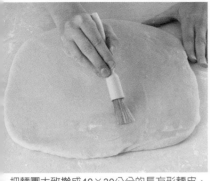

. 把麵團大致擀成40×30公分的長方形麵皮，
上融化的奶油。

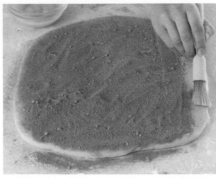

11. 撒上餡料。麵團一側保留約1公分寬度不要
撒，並刷上蛋液。

12. 用手掌按壓餡料，確定餡料有緊黏麵團。

. 麵團朝向留白的那一側捲，不要捲得太緊。

14. 用鋸齒刀把捲好的麵團切成10-12片，切的
時候要小心，不要把麵團壓扁。

15. 在模型內抹油並鋪上烘焙紙。把肉桂捲排進
去，蓋起來發酵1-2小時，直到麵團膨脹為止。

. 烤箱預熱至180˚C，在麵團表面刷上蛋液，
25-30分鐘。

. 加熱3大匙的水和2大匙糖，糖溶解後，把糖
塗在肉桂捲上。

18. 把剩下的砂糖和肉桂粉混合均勻，撒在肉桂捲表面，再移到網架上放涼。 **保存** 肉桂捲放在密
封容器中，可保存2天。

小甜麵包的幾種變化

赤爾西捲

這種加了香料的醋栗捲是在18世紀由倫敦赤爾西區的「麵包屋」（The Bun House）所發明。赤爾西捲（Chelsea buns）深受當時皇室的喜愛。

可做9個　30分鐘　30分鐘　可保存4週

總發酵時間
2小時

特殊器具
23公分 圓形蛋糕模

材料
1小匙 乾酵母
100毫升 溫牛奶
280公克 高筋白麵粉，過篩，另備少許作為手粉
0.5小匙 鹽
2大匙 砂糖
45公克 奶油，另備少許塗刷模型用
1顆蛋，稍微打散
115公克 綜合水果乾
60公克 顏色較淡的粗製蔗糖
1小匙 綜合香料
透明蜂蜜，上色用

作法

1. 用牛奶溶化酵母，靜置5分鐘等待起泡。把麵粉、鹽和砂糖放在大碗中混合，揉入15公克的奶油。把蛋加進麵粉中，再加入牛奶酵母溶液，攪拌成柔軟的麵團。揉5分鐘後把麵團放在碗中，用保鮮膜蓋住，放在溫暖的地方發酵1個小時，或放到體積膨脹成兩倍為止。

2. 在模型內抹油，將麵團倒在預先撒了少許麵粉的工作檯面上揉。擀成30×23公分的長方形。把剩下的奶油放在鍋中，用小火融化，然後刷在麵團表面，長邊的邊緣不要刷。

3. 把水果乾、黑糖和香料混在一起，撒在麵團上。像捲瑞士捲那樣，從長邊開始捲，用一點水把邊緣黏好。把麵團切成9塊，切好後排在蛋糕模型中，然後用保鮮膜蓋好。靜置發酵1小時，直到體積膨脹成兩倍為止。烤箱預熱至190℃，烤30分鐘，然後刷上蜂蜜，冷卻後再移到網架上。

保存

放在密封容器中可保存2天。

香料水果小麵包

這種甜麵包作法簡單，因為不必擀麵。

可做12個　30分鐘　15分鐘　可保存4週

總發酵時間
1.5小時

材料
240毫升 牛奶
2小匙 乾酵母
500公克 高筋白麵粉，過篩，另備少許作為手粉
1小匙 綜合香料
0.5小匙 荳蔻粉
1小匙 鹽
6大匙 砂糖
60公克 無鹽奶油，切丁，另備少許塗刷表面用
蔬菜油，塗刷表面用
150公克 綜合水果乾
2大匙 糖粉
1/4小匙 香草精

作法

1. 把牛奶加熱至微溫，拌入酵母，蓋好，靜置10分鐘直到溶液起泡。把麵粉、香料、鹽和糖放入大碗，揉入奶油，加入牛奶酵母溶液，攪拌成柔軟的麵團。徹底揉10分鐘。塑成球形，然後放在抹了少許油的大碗中，鬆鬆蓋住。放在溫暖的地方發酵1小時，直到體積膨脹為止。

2. 將麵團倒在預先撒了少許麵粉的工作檯面上，把水果乾輕輕揉進麵團。分成12等份，揉成球形，然後放在抹了油的烤盤上，彼此之間要取足夠間隔距離。鬆鬆地蓋住，放在溫暖的地方發酵30分鐘，或直到體積膨脹成兩倍為止。烤箱預熱至200℃。

3. 烤15分鐘，或烤到麵包底部敲起來會發出空洞的聲音。移到網架上放涼。同時，把糖粉、香草精和1大匙冷水拌勻，趁熱刷在小麵包上，製造光澤。

保存

小麵包放在密封容器裡可以保存2天。

復活節十字麵包

這款美味點心實在太可口，若只有復活節才吃得到未免太可惜。

| 可做
10-12個 | 30分鐘 | 15-20分鐘 | 可保存4週 |

總發酵時間
2-4小時

特殊器具
擠花袋和細花嘴

材料
200毫升 牛奶
50公克 無鹽奶油
1小匙 香草精
2小匙 乾酵母
100公克 砂糖
500公克 高筋白麵粉，過篩，另備少許作為手粉
1小匙 鹽
2小匙 綜合香料
1小匙 肉桂粉
150公克 綜合水果乾（葡萄乾、金黃葡萄乾、綜合糖漬果皮）
1個蛋，打散，另外再準備1個蛋、上色用
蔬菜油，塗刷表面用

裝飾麵糊
3大匙 中筋麵粉
3大匙 砂糖

作法

1. 在鍋中加熱牛奶、奶油和香草精，奶油融化就關火。冷卻到微溫。拌入酵母和1大匙糖，蓋住10分鐘，直到起泡。

2. 把剩下的糖、麵粉、鹽和香料放在大碗中，加入蛋和牛奶溶液，攪打成麵團。在預先撒了麵粉的工作檯面上揉10分鐘，把麵團擀成長方形，撒上水果乾，再稍微揉一下，讓水果乾和麵團結合。

3. 把麵團放在抹了油的大碗中，用保鮮膜蓋住，放在溫暖的地方發酵1-2小時，直到體積膨脹成兩倍為止。把麵團倒在預先撒了麵粉的工作檯面上，擠出裡面的空氣，分成10-12塊，滾成球形。放在鋪了烘焙紙的烤盤上，用保鮮膜蓋好，靜置發酵1-2小時。

4. 烤箱預熱至220°C。為麵團刷上蛋液。製作裝飾麵糊部分：把麵粉和糖用一點水拌勻成可抹開的泥狀。放入擠花袋，在麵團上擠出一個十字。放在烤箱上層烤15-20分鐘。移到網架上，放涼15分鐘後上桌。

保存

放在密封容器內可保存2天。

烘焙師小祕訣

這是一種傳統的復活節麵包，和外面賣的無趣同名麵包非常不一樣，好吃很多。自製的外皮細緻酥脆，麵包內部則芬芳又輕盈潤濕，還含有真材實料、獨具風味的水果和香料。麵包剛出爐還熱熱的時候，抹上冰涼的奶油吃最美味。

小甜麵包的幾種變化

可頌

儘管做起來有些花時間，但最終成品絕對不枉費這一番功夫。可以提一天開始做。

可做12個　1小時　15-20分鐘　未烘烤
　　　　　　　　　　　　　　可保存4週

冷藏時間
5小時，外加一夜

發酵時間
1小時

材料
300公克 高筋白麵粉，另備少許作為手粉
0.5小匙 鹽
30公克 砂糖
2.5小匙 乾酵母

蔬菜油，塗刷表面用
250公克 無鹽奶油，冰鎮過
1顆蛋，打散
奶油或果醬，搭配上桌（可省略）

甜麵包

1. 把麵粉、鹽、糖和酵母放在大碗中，攪拌均勻。

2. 用餐刀攪拌，每次加一點點溫水，直到拌成柔軟的麵團為止。

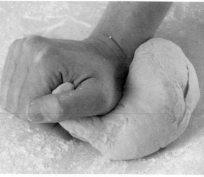

3. 把麵團放在預先撒了少許麵粉的工作檯面上揉，揉到麵團的手感變得很有彈性。

4. 把麵團放回大碗中，蓋上抹了少許油的保鮮膜，冷藏1小時。

5. 把麵團擀成約30×15公分的長方形。

6. 用擀麵棍把冰奶油敲扁，形狀要維持在長方形，厚度要敲成大約1公分。

7. 把奶油放在麵團中央，把麵團摺起來，蓋住奶油。冷藏1小時。

8. 把麵團放在預先撒了少許麵粉的工作檯面上，擀成30×15公分的長方形。

9. 把右邊1/3的麵團往中間摺，再把左邊1/3摺過來蓋住。冷藏1小時讓麵團變硬。

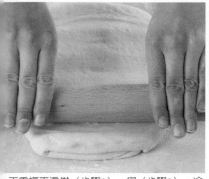

再重複兩遍擀（步驟8）、摺（步驟9）、冷 的動作。之後用保鮮膜包起來，冷藏一夜。

11. 將麵團對半切開，將其中一半擀成12×36公 分的長方形。

12. 再切成3×12公分的四方形，然後從對角線 切開，一共切成6個三角形。重複操作。

拿著最長邊的兩端，往自己的方向捲，捲好 彎成新月形。

14. 放在鋪了烘焙紙的烤盤上，可頌之間要留下 足夠空間。

15. 用抹了少許油的保鮮膜蓋住，靜置發酵1小 時，直到體積膨脹成兩倍為止。拿掉保鮮膜。

烤箱預熱至220°C，把蛋液刷在可頌上，烤 分鐘。

把烤溫降至190°C，繼續烤5-10分鐘。

保存 可頌最好趁熱上桌，搭配奶油和果醬食用。若是放在密封容器中，可保存2天，上桌前再稍微 熱過即可。

可頌的幾種變化

巧克力可頌

剛出爐的新鮮巧克力可頌（pains au chocolat），熱騰騰的、還滲著融化的巧克力——這就是週末的終極奢華早餐。

可做8個　1小時　15-20分鐘　可保存4週

冷藏時間
5小時，外加一夜

發酵時間
1小時

材料
1份可頌麵團，見第176-177頁，步驟1-10
200公克 黑巧克力
1個蛋，打散

作法

1. 將麵團分成4等份，每一份都擀成約10×40公分的長方形。對半切開，變成8個約10×20公分的長方形。

2. 把巧克力切成16條大小相當的長條。用2條100公克的巧克力，每一條都可輕鬆分成8小條。在每一塊麵皮長邊的1/3處與2/3處各做一個記號。

3. 把一塊巧克力放在1/3處記號的地方，拉起麵皮的短邊蓋過巧克力、摺到與2/3記號對齊。再把第二塊巧克力放在現在已壓在2/3記號處的麵皮上，為巧克力旁邊的麵皮刷上蛋液，把另一側的麵皮摺到中間，做成三層「包裹」狀，裡面兩層各夾了一條巧克力。把所有接縫都黏好，免得巧克力在烤的時候流出來。

4. 在烤盤上鋪烘焙紙，把麵團放上去，蓋好並放在溫暖的地方發酵1小時，直到麵團發起來，體積膨脹到幾乎兩倍為止。烤箱預熱至220˚C，在麵團上刷蛋液，放進烤箱10分鐘，然後把烤溫降到190˚C，繼續烤5-10分鐘，或把麵包烤出金褐色為止。

保存

巧克力可頌放在密封容器中可保存1天。

西班牙臘腸乳酪可頌

香辣的西班牙臘腸（chorizo）加上濃的乳酪，搭配起來效果絕佳。

可做8個　1小時　15-20分鐘　可保存4週

冷藏時間
5小時，外加一夜

發酵時間
1小時

材料
1份可頌麵團，見第176-177頁，步驟1-10
8片 西班牙臘腸、火腿或帕馬火腿
8片乳酪，例如艾曼塔乳酪（Emmental）或亞爾斯堡乳酪（Jarlsberg，因為有洞，也常稱作洞洞乳酪）
1個蛋，打散

作法

1. 把麵團分成4等份，把每份都擀成10×40分的長方形麵皮。再把每片麵皮都對半切開變成8塊10×20公分的長方形麵皮。

2. 在每塊麵皮中央各放一片西班牙臘腸（火腿）。把麵皮其中一邊拉起來蓋住火腿，把一片乳酪放在蓋住火腿的麵皮上，刷上液，把另一邊的麵皮摺過來蓋住乳酪。邊緣要捏緊。蓋起來，放在溫暖的地方發酵1時，或直到體積膨脹成2倍為止。烤箱預熱220˚C。

3. 在麵團上刷蛋液，烤10分鐘後把烤溫降190˚C，再繼續烤5-10分鐘，或直到烤出金色為止。

保存

放在密封容器內可保存1天。

烘焙師小祕訣

這種麵包可以做出非常多種變化，也能填入各式各樣的餡料。火腿和乳酪是最常見的，但不妨試用一層煙燻火腿和一層交疊的西班牙臘腸，再撒上煙燻紅椒粉，創造出更帶勁的風味。

甜麵包

法式杏仁可頌

這種酥餅夾了杏仁內餡，清爽又美味。

可做12個　　1小時　　15-20分鐘　可保存4週

冷藏時間
5小時，外加一夜

發酵時間
1小時

材料
125公克 無鹽奶油，軟化
75公克 砂糖
75公克 杏仁粉
2-3大匙 牛奶，備用
1份可頌麵團，見第176-177頁，步驟1-10
1個蛋，打散
50公克 杏仁片
糖粉，搭配食用

作法

1. 製作杏仁泥：把奶油和糖攪拌成乳霜狀，加入杏仁粉攪拌均勻，如果太黏稠，可以加一點牛奶。

2. 把麵團切成2份，將其中一塊麵團放在預先撒了麵粉的工作檯面上**擀**開，**擀**成12×36公分的長方形。切出3個邊長12公分的正方形，再從對角線切開，變成6個三角形。另外一塊麵團也按同樣步驟，做出6個三角形。

3. 在每塊麵皮上抹一匙杏仁泥，距離兩條長邊各留2公分寬度不塗抹。在留白的邊緣部分刷上蛋液。從最長邊開始，小心地把麵皮往對面的頂點捲過去。

4. 在兩個烤盤上鋪烘焙紙，把可頌放在烤盤上，蓋好並放在溫暖的地方發酵1小時，直到體積膨脹成兩倍為止。烤箱預熱至220˚C。

5. 為可頌刷上蛋液，撒上杏仁片，烤10分鐘，然後把烤溫降至190˚C，繼續烤5-10分鐘，把可頌烤出金黃色澤。冷卻後，撒上糖粉上桌。

保存
放在密封容器內可保存1天。

丹麥麵包

這種美味的奶油麵包雖然準備起來很花時間，但自製麵包的好味道無與倫比。

可做18個　30分鐘　15-20分鐘　可保存4週

冷藏時間
1小時

發酵時間
30分鐘

材料
150毫升 溫牛奶
2小匙 乾酵母
30公克 砂糖
2個蛋，另外準備1個蛋，上色用

475公克 高筋白麵粉，過篩，另備少許作
為手粉
0.5小匙 鹽
蔬菜油，塗刷表面用
250公克 冰過的奶油
200公克 優質櫻桃果醬、草莓果醬、杏桃
果醬或糖煮水果

甜麵包

1. 把牛奶、酵母和1大匙糖混合均勻，蓋起來靜置20分鐘，再把蛋打進去攪拌均勻。

2. 把麵粉、鹽和剩下的糖放入大碗中，中央挖一個洞，倒入酵母溶液。

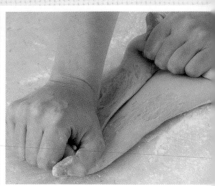

3. 把材料攪拌成柔軟的麵團，在預先撒了麵粉工作檯面上揉15分鐘，揉到麵團變很軟為止。

4. 把麵團放在抹了少許油的大碗中，用保鮮膜蓋好，放進冰箱冷藏15分鐘。

5. 在預先撒了少許麵粉的工作檯面上把麵團擀成約25×25公分的正方形。

6. 把奶油切成3-4片，每片長、寬、高約為12×6×1公分。

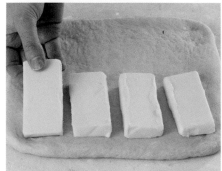

7. 在麵團的半邊放上奶油，與邊緣要留1-2公分的距離。

8. 把另一半的麵團拉過來蓋住奶油，用擀麵棍按壓邊緣，讓邊緣黏緊。

9. 撒上足量麵粉，把麵團擀成長度為寬度的3倍、厚度約1公分的長方形。

9. 把長邊的1/3摺到中間，然後把對面1/3摺過來蓋住剛剛摺過來的麵皮。

11. 包起來，冷藏15分鐘，重複步驟9-10兩次，每次做完都要冷藏15分鐘。

12. 在撒了麵粉的工作檯面上，把麵團擀成5公釐-1公分厚的麵皮。切成10×10公分的正方形。

13. 用利刀從四個角往中心方向切，各留下距離中心點1公分的長度不切。

14. 在每塊麵皮中心放1匙果醬，把每個角往中心點摺進去。

15. 放更多果醬在中央，移到鋪了烘焙紙的烤盤上，用茶巾蓋好。

16. 放在溫暖的地方發酵30分鐘，直到麵團膨脹為止。烤箱預熱至200˚C。

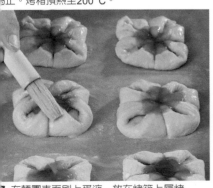

17. 在麵團表面刷上蛋液，放在烤箱上層烤15-20分鐘，烤出金黃色澤。

18. 出爐後先暫時放涼，再移到網架上。 **保存** 放在密封容器內可保存2天。 **事先準備** 可以在前一天做到步驟11結束，並放入冰箱裡冰過夜。

丹麥麵包的幾種變化

杏仁新月麵包

這種新月造型、口感清爽、層層疊疊的丹麥麵包，裡面包的是由奶油、糖和杏仁粉做成的美味夾心。要製作這種美味的酥皮麵包，可以在前一天先把麵團做到準備擀平的步驟。

可做18個　30分鐘　15-20分鐘　可保存4週

冷藏時間
1小時

發酵時間
30分鐘

材料
1份丹麥麵包麵團，見第180-181頁，步驟1-11
1個蛋，打散、上色用
糖粉，裝飾用

杏仁泥內餡
25公克 無鹽奶油，放軟
75公克 砂糖
75公克 杏仁粉

作法

1. 烤箱預熱至200°C，在預先撒了麵粉的工作檯面上把半塊麵團擀成邊長30公分的正方形。把邊緣修整齊，切成9個10公分的正方形，剩下的半塊麵團也照樣處理。

2. 製作杏仁泥：把奶油和砂糖攪打成乳霜狀，加入杏仁粉、攪拌至滑順。把杏仁泥分成18個小球，分別搓成比麵皮長度略短的香腸形狀。將杏仁餡放在麵皮的其中一側，與邊邊留下2公分的空隙。把杏仁泥往下壓。

3. 在留下的邊緣空隙部分刷上蛋液，把麵皮摺過來蓋住餡料，也往下壓緊。用利刀在有餡料那一側切出4個刀口，每條切口切到距餅皮黏合處約1.5-2公分，不切到黏合處。把麵團移到鋪了烘焙紙的烤盤上，蓋好、放在溫暖的地方發酵30分鐘，或直到麵團膨脹為

止。把兩頭往內側拗彎，做成新月狀。

4. 刷上蛋液，放在靠烤箱由上往下高度的1/3處，烤15-20分鐘，烤出金褐色為止。冷卻，撒上糖粉即可上桌。

保存

這種丹麥麵包放在密封容器內可保存2天。

烘焙師小祕訣

丹麥麵包的食譜通常會要求把奶油放在兩片烘焙紙之間擀平，或者用擀麵棍使勁敲到軟，真的很花時間，用切片的冰涼奶油，輕鬆省事多了。

甜麵包

肉桂、山胡桃風車麵包

如果找不到山胡桃，可用榛果或核桃來代替。

可做16個　30分鐘　15-20分鐘　可保存4週

冷藏時間
1小時

發酵時間
30分鐘

材料
1份丹麥麵包麵團，見180-181頁，步驟1-11
1個蛋，打散、上色用
100公克 山胡桃果仁，切碎
100公克 質地較軟的紅糖
2大匙 肉桂粉
25公克 無鹽奶油，融化

作法

1. 製作內餡：把山胡桃、糖和肉桂粉混合在一起。把一半量的麵團在預先撒了麵粉的工作檯面上擀成邊長20公分的正方形。修齊邊緣、在表面刷上一半分量的奶油，散上一半分量的山胡桃餡料。在你對面、離你最遠的那一條邊要保留1公分寬度不撒。在那道邊上刷一點蛋液。

2. 用手掌把山胡桃餡料往下壓，讓餡料黏緊麵團。從麵皮最靠自己的那一道邊開始朝向塗蛋液的那一道邊捲過去，接縫處朝下放好。另一半的麵團也照樣處理。

3. 把邊邊修掉，每一條切成8片。翻過來壓一壓，讓邊邊黏緊。麵團尾端用雞尾酒竹籤固定。在4個烤盤上鋪烘焙紙，每個烤盤上放4個麵團，蓋好後放在溫暖的地方發酵30分鐘，直到膨脹為止。

4. 烤箱預熱至200°C，在麵團表面刷上蛋液，放在烤箱由上往下高度的1/3處烤15-20分鐘，烤出金黃色澤。

保存

風車麵包放在密封容器中可以保存2天。

杏桃丹麥麵包

麵皮部分可以在前一晚就準備好，一早起來只要30分鐘的發酵時間、再送進烤箱迅速烤一下。新鮮出爐的酥皮麵包就可以及時端上桌，配上剛泡好的咖啡一起享用。

可做18個　30分鐘　15-20分鐘　可保存4週

冷藏時間
1小時

發酵時間
30分鐘

材料
1份丹麥麵包麵團，見180-181頁，步驟1-11
200公克 杏桃醬
2罐400公克裝的罐裝切半杏桃片

作法

1. 把一半的麵團在預先撒了足量麵粉的工作檯面上擀成邊長30公分的正方形麵皮。把邊修齊，切成9個邊長10公分的方塊。另一半的麵團也照樣處理。

2. 如果杏桃果醬有結塊，要把結塊部分攪散，攪成滑順的果醬為止。取1大匙果醬，用湯匙背面把果醬均勻抹在麵皮上，邊緣留下1公分寬度不抹。取兩片杏桃（如果體積太大可以把底部稍微修掉一點），放在麵皮的兩個對角。

3. 把沒有放杏桃的兩個角往中間摺，這兩個角應該只會稍微蓋住小部分的杏桃。所有麵皮都照樣處理好，放在鋪了烘焙紙的烤盤上，蓋好、放在溫暖的地方發酵30分鐘，直到麵皮膨脹為止。烤箱預熱至200°C。

4. 為麵皮刷上蛋液，放在烤箱由上往下高度的1/3處，烤15-20分鐘，烤出金黃色澤，再把剩下的果醬融化，刷在烤好的酥皮麵包上，成品才會有光澤。冷卻5分鐘後，再移到網架上。

保存

放在密封容器內可保存2天。

果醬甜甜圈（Jam Doughnuts）

其實甜甜圈的作法簡單得不可思議。這種甜甜圈輕盈、充滿空氣，比外面賣的好吃太多了。

可做12個　30分鐘　5-10分鐘

總發酵時間
3-4小時

特殊器具
測油溫用的溫度計
有細擠花嘴的擠花袋

材料
150毫升 牛奶
75公克 無鹽奶油
0.5小匙 香草精
2小匙 乾酵母

75公克 砂糖
2個蛋，打散
425公克 中筋麵粉，最好是00等級（以小麥麥芯部分磨成，蛋白質含量高、筋度低），另備少許作為手粉
0.5小匙 鹽
1公升 葵花油，炸甜甜圈用。另備少許塗刷表面

沾料與內餡部分
砂糖，沾裹外皮用
250公克 優質果醬（覆盆子、草莓或櫻桃果醬都可以），處理至滑順

1. 把牛奶、奶油和香草精放在鍋中加熱至奶油融化。冷卻至微溫。

2. 拌入酵母和1大匙的糖。蓋住，靜置10分鐘。再把蛋液也加入一起攪拌。

3. 麵粉和鹽篩入大碗，加入剩下的糖攪拌均勻。

4. 在麵粉中央挖個洞，加入牛奶混合液。攪拌成粗糙的團塊。

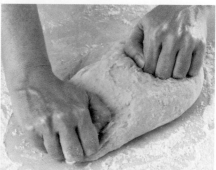

5. 把麵團倒在預先撒了麵粉的工作檯面上，揉10分鐘，揉到麵團柔軟有彈性為止。

6. 把麵團放進抹了油的大碗，用保鮮膜蓋好。保暖2小時，直到體積膨脹成兩倍為止。

7. 把麵團放在預先撒了麵粉的工作檯面上，用手擠出麵團裡的空氣，均分成12小塊。

8. 把小麵團用手搓成小球。放在烤盤上，小麵團之間要留足間距。

9. 用保鮮膜和茶巾蓋好。放在溫暖的地方發酵1-2小時，直到體積膨脹成兩倍為止。

甜麵包

0. 在鍋中倒10公分深的油，加熱到170-180°C，蓋要準備在手邊，以策安全。

11. 把麵團從烤盤上鏟下來，如果有一邊比較扁也沒有關係。

12. 小心地把麵團放進油鍋中，較圓的那一面朝下，一次最多3個。1分鐘之後翻面。

13. 當整個麵團都炸成金褐色時，就用漏勺撈起來。關火。

14. 放在廚房紙巾上瀝乾多餘的油，趁熱放在砂糖中滾動，裹上砂糖。但要放涼後再填餡。

15. 把果醬裝進擠花袋中，在每個甜甜圈側邊戳一個洞，把擠花嘴塞進去。

16. 輕輕地擠約1大匙分量的果醬在甜甜圈中，直到果醬幾乎要滿出來。洞口部分拍上一點糖，上桌。 **保存** 放在密封容器內可保存1天。

甜甜圈的幾種變化

甜甜圈

甜甜圈真的很容易做,而且自製的更美味。不要浪費了切下來的圈圈中間部分,只要分開來另外炸,就是一口一個的額外小點心。

可做12個　35分鐘　5-10分鐘

總發酵時間
3-4小時

特殊器具
測量油溫用的溫度計
4公分 圓形餅乾切模

材料
1份甜甜圈麵團,見184頁,步驟1-6
1公升葵花油,炸甜甜圈用,另備少許塗刷表面
砂糖,沾裹用

作法

1. 把麵團放在預先撒了少許麵粉的工作檯面上,輕輕擠出空氣,然後把麵團平均分成12個,搓成球。

2. 把小球放在烤盤上,取適當間隔距離,讓麵團有足夠空間可以膨脹。蓋上保鮮膜和茶巾,放在溫暖的地方發酵1-2小時,直到體積膨脹成兩倍為止。

3. 用擀麵棍輕輕將小球擀平成高度約3公分的圓餅狀,為餅乾切模抹油,在麵團中央切出一個洞。取下備用。

4. 把油倒進大鍋,至少要有10公分深,加熱到170-180°C。手邊放一個大小剛好的鍋蓋,而且千萬不能放著熱油不管。油溫要保持均勻穩定,不然甜甜圈會焦掉。

5. 用鍋鏟把甜甜圈從烤盤上鏟起來,如果有一邊比較扁也沒關係,在炸的時候自然會膨脹起來。把較圓的那面朝下放入熱油中,每批炸3個,大約炸1分鐘、底下那面炸出金褐色就翻面。

6. 整個甜甜圈都炸成金褐色時,用漏勺撈起來,放在廚房紙巾上瀝乾多餘的油。炸完後記得關火。切出來的中心部位也可以用一樣的方式炸熟,小小孩很喜歡吃。趁甜甜圈還是熱的時候撒上砂糖,稍微放涼再上桌。

保存

放在密封容器中可以保存1天。

卡士達甜甜圈

卡士達醬是我最喜歡的甜甜圈餡。這道食譜用的是現成的優質卡士達醬,用真正的雞蛋和足量鮮奶油做的。

可做12個　30分鐘　5-10分鐘

發酵時間
3-4小時

特殊器具
可測量油溫的溫度計
有金屬擠花嘴的擠花袋

材料
1份甜甜圈麵團,見184頁,步驟1-6
1公升葵花油,炸甜甜圈用,另備少許塗刷表面
砂糖,沾裹用
250毫升現成卡士達醬

作法

1. 把麵團倒在預先撒了少許麵粉的工作檯面上,輕輕擠出麵團內的空氣,分成12份,搓成小球。

2. 把小球放在烤盤上,要取適當間隔距離,讓麵團可以膨脹。以保鮮膜和茶巾輕輕蓋住,放在溫暖的地方發酵1-2小時,直到體積幾乎膨脹成兩倍為止。

3. 用深的大鍋熱油,油深至少10公分。把油燒熱到170-180°C,尺寸符合鍋子的鍋蓋要隨時準備在手邊,也不能放著滾燙的油鍋不管。小心控制溫度,保持溫度穩定,不然甜甜圈會焦掉。

4. 用鍋鏟把發好的甜甜圈從烤盤上鏟起,如果其中一邊比較扁也沒關係。炸的時候自然會膨脹。較圓的那面朝下放進熱油中,每次炸3個、每面炸1分鐘,當底下那面炸成金褐色時,立刻翻面。等兩面都炸成金褐色時,就關火、用漏勺撈起甜甜圈,放在廚房紙巾上吸掉多餘的油。

5. 趁熱把砂糖撒在甜甜圈上,靜置冷卻。要填內餡時,把卡士達醬放進擠花袋中,用擠花嘴從甜甜圈側邊戳進去,花嘴深度必須要戳到甜甜圈中心。在甜甜圈裡擠進約1大匙的卡士達醬,擠到幾乎要滿出來的程度。在開口處撒點糖,蓋住開口。

保存

放在密封容器中可保存1天。

吉拿棒

吉拿棒（churros）這種撒了肉桂粉和糖的西班牙點心，只需幾分鐘就能上桌——盤子見底的速度同樣也很快。

2-4人份　　10分鐘　　5-10分鐘

特殊器具

可測量油溫的溫度計
擠花袋和2公分的擠花嘴

材料

25公克 無鹽奶油
200公克 中筋麵粉
50公克 砂糖
1小匙 泡打粉
1公升 葵花油，油炸用
1小匙 肉桂粉

作法

1. 在容器中注入200毫升滾沸的熱水，加入奶油，攪拌至奶油融化。把麵粉、一半的糖和泡打粉篩入另一個大碗中。

2. 在麵粉中央挖個洞，慢慢倒入熱的奶油溶液，持續攪拌，直到變成濃稠的麵糊為止。可能不必加入全部的液體材料。靜置拌好的麵糊，冷卻5分鐘。

3. 把炸油注入深的大鍋，油深至少10公分，加熱到170-180˚C。要把符合鍋子大小的鍋蓋準備在手邊，也不能把熱油放著不管。溫度要控制好，確定油溫均勻穩定，不然吉拿棒可能會焦掉。

4. 把已經冷卻的麵糊放進擠花袋中，在熱油鍋中擠出7公分長的麵糊，用剪刀剪斷。不要擠得滿鍋都是麵糊，不然油溫會下降。吉拿棒兩面各炸1-2分鐘，炸出金褐色就翻面。

5. 炸好時，用漏勺把吉拿棒撈出來，放在廚房紙巾上吸掉多餘的油。關火。

6. 把剩下的糖和肉桂粉放在盤子上拌勻，吉拿棒要趁熱放進去沾裹糖和肉桂粉。稍微冷卻5-10分鐘，就可以趁熱上桌了。

保存

放在密封容器中可以保存1天。

烘焙師小祕訣

吉拿棒做起來只需要幾分鐘，幾乎可說是即做即吃的美味點心。如果在麵糊中加入蛋黃、奶油或牛奶，味道會更濃郁，但液體材料和乾性材料的比例基本上要一樣。麵糊愈稀，成品就愈輕盈。不過要掌握液狀麵糊的油炸技巧，則需要多練習。

索引

頁碼黑體部分為有圖片步驟教學的食譜或技法。頁碼斜體部分表示有烘焙師小祕訣。

索引

關於作者

卡洛琳・布萊瑟頓早年是活躍於伸展臺的模特兒，後來投入她所喜愛的餐飲產業，1996年成立曼納食品公司。她講求新鮮、有格調、無負擔的飲食方式，很快受到廣大追隨者的喜愛，她的外燴服務客群從名人、藝廊、劇院，到時尚雜誌、產業尖端的公司行號都有。隨後她又在倫敦開了曼納咖啡，是一間全日供餐的餐坊。多年來，電視臺各式各樣的美食節目會邀請她作為來賓或主持人，分享她的餐飲與烹飪長才。布萊瑟頓自己也出書、定期供稿給《週末泰晤士報》（The Times on Saturday）。閒暇時，她會在倫敦住家附近的城市菜園栽種蔬果和香草，也會四處尋覓適合入菜的野生食材。她的先生路克（Luke）是學界人士，兩人育有一雙兒子，加布利耶（Gabriel）和艾薩克（Issac），他們都很樂意為母親擔任本書的食譜試吃員。

謝誌

作者要感謝

DK出版社的Mary-Clare、Dawn和Alastair對這項艱鉅的出書任務的協助和鼓勵。也要感謝Deborah McKenna的Borra Garson及所有工作人員對我的協助。最後要感謝我的家人和朋友，謝謝他們毫不吝嗇的鼓勵和好胃口！

DK出版社要感謝

以下各位在攝影方面的協助

美術指導

Nicky Collings、Miranda Harvey、 Luis Peral、Lisa Pettibone

道具指導

Wei Tang

食物造型師

Kate Blinman、Lauren Owen、Denise Smart

家政助理

Emily Jonzen

本食譜步驟教學中所使用的器具皆由Lakeland慷慨提供。若有任何烘焙需求，請至www.lakeland.co.uk

Caroline de Souza的美術指導定調本書的設計方向、確立靜態攝影風格。

Dorothy Kikon在編輯方面的協助，以及Anamica Roy在設計方面的協助。

Jane Ellis的校對與蘇珊・波珊克（Susan Bosanko）的索引整理。

感謝下列人士對美國版的貢獻：
顧問

Kate Curnes

美語化部分

Nicole Morford及Kenny Siklós

並感謝Steve Crozier潤色照片。